U0173775

颉腾商业
JIE TENG BUSINESS

INDUSTRIAL BLOCKCHAIN

ANALYSIS OF 100 CASES
OF NEW INFRASTRUCTURE BLOCKCHAIN

产业区块链

新基建区块链全球落地
100个案例解析

龚健　王晶◎编著

中国广播影视出版社

图书在版编目（CIP）数据

　产业区块链：新基建区块链全球落地100个案例解析/龚健，王晶编著.--北京：中国广播影视出版社，2021.1
　ISBN 978-7-5043-8476-8

　Ⅰ.①产… Ⅱ.①龚… ②王… Ⅲ.①区块链技术—应用—案例—世界 Ⅳ.①TP311.135.9

中国版本图书馆CIP数据核字(2020)第142678号

产业区块链：新基建区块链全球落地100个案例解析
龚健　王晶　编著

策　划	李华君	
责任编辑	任逸超　王　羚	
封面设计	创锐设计	

出版发行	中国广播影视出版社	
电　话	010-86093580　010-86093583	
社　址	北京市西城区真武庙二条9号	
邮　编	100045	
网　址	www.crtp.com.cn	
电子信箱	crtp8@sina.com	

经　销	全国各地新华书店
印　刷	北京市郑庄宏伟印刷厂

开　本	710毫米×1000毫米　1/16
字　数	219(千)字
印　张	17.5
版　次	2021年1月第1版　2021年1月第1次印刷
书　号	ISBN 978-7-5043-8476-8
定　价	69.00元

推荐序

区块链，用数学建立共识，用信任推动发展

从 2019 年开始，关注区块链技术的朋友越来越多了。圈外的朋友总会让我解释一下，区块链技术到底有用没用，解决的是什么问题。

这时，我经常会用一部电影来做解释。2017 年，有一部叫《降临》的电影，说的是十几艘外星飞船突然降临地球，但是外星人发来的信息却无人能看懂。由于语言不通，不同的专家对这些信息做出截然相反的判断，有人说是敌人，有人说是朋友。还好，最后有语言学家搞清楚了，外星人是朋友，避免了一场一触即发的星球大战。

由此可见，语言模糊性造成的信息不对称是可能造成严重后果的。而区块链就是一种试图用"数学"这种语言消除信息不对称、建立共识的技术。因为无论在哪种文明、哪个国家，数学语言都是通用的。

区块链能够通过数学语言形成共识，让熟悉的、陌生的不同主体建立相互信任。从此，互联网不仅是一个传递能"自由拷贝"的信息的互联网，也可以是一个传递无法"双重支付"的价值的互联网。

学者托马斯·弗里德曼在 2005 年出版了一本书，叫《世界是平的》，表达了一个美好的愿望：合作越来越多，地球就会越来越平。在该书出版 15 年之后，人们惊讶地发现，虽然新技术层出不穷，云计算、大数据、人工智能和 5G 让商业效率更高，信息更加通畅，但是人们之间的互相信任却没有因此变得更多，分工协作之路也颇为不平坦。

区块链的出现恰逢其时。与其他技术相比，区块链与众不同。它的效率不高，甚至略显"笨拙"，但是它就像"降龙十八掌"一样，属于内功深厚的技术。区块链让技术不仅适用于提高生产力，还能优化生产关系。

不过，区块链虽好，还是存在天然的应用门槛，因此，深入浅出的案例解析正是区块链的从业者和潜在使用者所迫切需要的。在此，我非常高兴看到本书的出版。2020 年，我们正在见证一轮新基建的产业升级大潮，区块链技术正是其中关键的一环，相信更多案例的推广普及，必将让区块链技术能够更好地推动经济发展，推进产业变革。

至顶传媒总编辑、科技行者创办人　高飞

PREFACE
前言

从 2019 年开始至今，区块链站在政策的风口上越来越凸显其独特价值。

2019 年 10 月 24 日，中共中央政治局就区块链技术发展现状和趋势进行了第十八次集体学习。中共中央总书记习近平在主持学习时强调，区块链技术的集成应用在新的技术革新和产业变革中起着重要作用。我们要把区块链作为核心技术自主创新的重要突破口，明确主攻方向，加大投入力度，着力攻克一批关键核心技术，加快推动区块链技术和产业创新发展。①

2020 年 4 月 20 日，国家发展改革委在线召开 4 月份例行在线新闻发布会，国家发展改革委创新和高技术发展司司长伍浩回应外界对新基建的热议。关于新型基础设施的概念经初步研究被概括为，以新发展理念为引领，以技术创新为驱动，以信息网络为基础，面向高质量发展需要，提供数字转型、智能升级、融合创新等服务的基础设施体系，主要包括信息基础设施、融合基础设施、创新基础设施三个方面。其中，区块链被首次正式提及，作为信息基础设施被纳入新基建之中。

2020 年 4 月 25 日，中国自主创新的国家级区块链服务网络（BSN）宣布进入商用，并开启海外版公测。BSN 是由国家发展改革委直属单位国家信息中心与中国银联、中国移动等单位联合发起的，于 2019 年 10 月开始内测，

---

① 新华网：习近平在中央政治局第十八次集体学习时强调，把区块链作为核心技术自主创新重要突破口，加快推动区块链技术和产业创新发展．[N/OL]．[2019-10-25]．http://www.xinhuanet.com/2019-10/25/c_1125153665.htm．

这是一个跨云服务、跨门户、跨底层的框架，用于部署和运行各类区块链应用的全球性基础设施网络。截至目前，系统已经接入了二十多个在线服务和在线产品。虽然 BSN 还处于非常早期的阶段，也暂未形成对于 BSN 进行正确深度运用的应用，但几个月后本书正式出版之时，笔者相信 BSN 非常有可能出现一些应用上的新突破。

这是中国抢滩区块链底层基础设施网络的重要一步，对于区块链技术在中国的发展无疑起着至关重要的作用。

今天，从全球范围来看，无序、喧嚣、混乱的野蛮生长阶段已经过去，区块链行业正朝着逐步清晰、规范的方向加速向前发展，产业区块链也将大有可为。作为前沿科技和第四次工业革命的重要推动力，区块链技术已经在诸多行业和领域中得到广泛的应用。金融行业作为区块链技术落地最多的应用领域，很多金融机构如平安集团、腾讯金融科技、众安保险等，很早就开始了对区块链这个新赛道的布局。区块链技术创新公司也在其中不断涌现，并迅速成长壮大起来。区块链的应用将不仅在商业模式上带来创新，也会给社会与经济运行模式带来重大变革，是对传统企业、行业甚至社会治理架构的颠覆。

政务与金融一样，也是目前区块链落地最多的领域。本书以政务和金融行业为切入点，详细阐述区块链技术在全球各行业如金融、政府服务、能源、保险、港口、物流、旅游酒店、建筑房地产、工业制造、农业、生物医疗、文化娱乐、新零售、在线教育等方面的应用情况，精选了来自全球的 100 个经典案例，希望通过剖析各个行业的痛点，分析区块链与各个行业深度融合的原因，以及具体典型代表案例的展示，帮助读者更好地理解区块链技术如何为我们的世界带来创新。

当然，区块链技术和应用落地还非常早期，大家需要清楚地认识到，区块链技术绝不是万能的，必须与应用场景相结合。过去，为了跟上时代的步伐，人人都在讲"互联网思维"，那么现在，我们要说的是，如果你想做下一个浪潮的创新者，必须学习"区块链思维"了。

CONTENTS

目录

第三章　区块链在金融领域经典落地案例

第四章　区块链在其他行业经典落地案例

第五章 巨头行动——全球科技公司区块链布局

第一章

区块链有用无用论

BLOCKCHAIN

DEFINING THE FUTURE OF FINANCE AND
ECONOMICS

一、区块链是骗人的还是有价值的应用

人类世界出现的任何一个新事物，都会在人们的好奇心中被质疑，而"有用无用论"的实用主义论调，更成了让质疑持续发酵、扩大的基石。新技术自然是这些新事物里最易引起争议的，但最终，随着新技术的大量应用落地，尘嚣都将戛然而止。

区块链自 2009 年 1 月 9 日诞生之日起，也不可避免地经历这样一个被科普、被认知、被质疑、被验证的过程，准确地说，此时此刻它正在经历这样的过程。

近几年来，关于区块链的各种观念争论和思想碰撞异常激烈，争议的焦点总结起来无外乎这样两种：

一是区块链骗子论。持此种观念的人一般是把各种概念混淆起来对区块链进行非理性批判，他们往往把比特币等同于区块链，或者把"初始代币发行"（Initial Coin Offering，ICO）等同于区块链，或者把打着区块链旗号的非法传销行为等同于区块链。至于区块链技术究竟是什么，这类人一般不太了解，他们评判区块链的依据是参与炒币过程中的个人收益，包括是否被骗投资等。

二是区块链无用论。持此种观念的人对区块链技术有一定了解，而不是只能简单说出几个与区块链特性有关的名词，比如"去中心化""不可篡改"等，有的人甚至对区块链技术有深入了解，因此他们深知区块链技术的缺陷。他们经常质疑的是区块链的性能问题，即区块链的效率无法满足现实需求的问题。他们会说，传统的金融系统每秒处理的交易量非常大，而区块链每秒处理的交易数才几十，几十能做什么？

除了区块链的效率问题，持无用论观念的人还认为，用区块链解决信任问题只不过是一部分密码朋克的幻想。在支持无用论的这一边，还有世界著名的密码学专家之一——布鲁斯·施奈尔（Bruce Schneier），他最为人所知的是在 1993 年出版了《应用密码学》一书。该书改变了全世界密码学应用的面貌，引领密码学从军用走向了民用的领域。2019 年 2 月，布鲁斯·施奈尔也发布了关于区块链无用论的论点——Verification is not trust。他认为，验证不等于信任，区块链的节点只能验证一笔交易的数据完整性（Data Integrity），并不能判断该交易在现实世界中是否值得信任。此言一出，立即引起业内不小的震动。

持无用论观念的人普遍认为，区块链可追溯这一特性也是不堪一击的：“数据上链后虽然无法被篡改，但数据在上链前谁能保证它们确实是真实有效的，那么这样的存证应用、溯源应用有什么意义可言？”他们最终得出的结论是：区块链技术尚不完善，没有必要用它替换传统方案，也不能解决传统方案中存在的一些问题，看不到区块链真正落地的价值，所以区块链是无用的。

我们分别来看上述两种负面评价是否合理。

对于区块链骗子论。首先，区块链并不能简单和比特币画等号，比特币是区块链技术的一种应用，它是一种 P2P（Peer-to-Peer，点对点技术）形式的数字货币，而区块链是比特币的底层技术和基础架构。所以，区块链和比特币有着紧密的关系，但不是等于的关系，区块链技术不是只能应用到比特币上。就好比说，我们用苹果 iOS 系统开发了一款 App（应用），但不能说这款 App 就等同于苹果 iOS 系统。

至于区块链是否等于“初始代币发行”，答案显然也是否定的。在区块链发展的早期阶段，由于它本身具有传递价值的属性，引来了一些通过 ICO 进行非法集资的行为。ICO 本质上就是一种基于区块链项目的众筹方式，区块链项目方通过发行虚拟币来融市场上的比特币或以太坊。2017 年 9 月 4 日，带有非法集资性质的 ICO 和加密货币交易所在我国被严格禁止。很明显，ICO 也不等于是区块链。

比特币和 ICO 都涉及金融投资行为，其中蕴藏着巨大风险，国家有关部门也曾对此发布过风险提示。投资人仅仅根据自己参与炒币的投资收益或投资 ICO 被骗的经历去直接否定区块链技术，无疑是偷换概念、混淆是非，是非常不合理的。

区块链骗子论的第三种说辞里，把那些打着区块链旗号的非法传销行为也算到区块链技术身上，并得出区块链是骗子的结论，这一点就更加错误，非法传销行为与区块链没有一丝一毫的关系。

综上，区块链技术并非骗局，例如，有人利用互联网技术做了一些应用骗局，但能因此说互联网是骗人的概念吗？显然是错误的。因此，"区块链骗子论"毫无理性可言，只是一些人人云亦云、一知半解造成的。

接下来，在讨论"区块链无用论"是否合理时，有必要先讲讲现实生活中存在的另一种观念——"区块链万能论"。持有这一观念的人有不少是技术极客，也有一些是区块链技术爱好者，在他们眼里，区块链技术无所不能，区块链能改变现有的旧世界，创造出一个完美的、理想的乌托邦。

这个乌托邦来自对现有世界或者现有互联网世界的诸多不满意。例如，对某些中心化的机构效率低下的不满意，对个人数据被集中收集、存储、使用的不满意，对互联网巨头技术垄断造成的非自由竞争的不满意，对现有社会里信任成本过高的不满意，等等。他们坚信，区块链的去中心化特质，将极大压缩信任的成本，并将改变很多传统的商业模式。甚至不少人还认为，虽然区块链有着这样那样的问题，但现有的公有链如比特币或以太坊将在几年之后取代传统的银行系统，传统金融系统会发生天翻地覆的变革。

诚然，如果从辩证的角度看待区块链这个新技术，"区块链无用论"和"区块链万能论"都只是在一个方面做思考，不够理性，不够客观，也不够全面。"区块链万能论"无视区块链技术本身的技术缺陷，以及非技术层面的应用挑战，单纯夸大了区块链技术的作用，神化了区块链技术的力量，脱离了对现实社会的思考。

　　而直接一棍子打死地说"区块链无用论"，首先，没有遵循新事物发展的自然规律。任何技术创新从诞生到成熟，一定离不开时间的洗礼。回顾互联网技术的历史会发现，ARPA 网络在 1960 年被提出，1973 年扩展成为互联网，1974 年 TCP/IP 协议提出，一直到 20 世纪 90 年代初互联网才开放给大众，但直到最近十来年，各种层出不穷的互联网应用、特别是移动互联网应用才彻底改变了我们的生活。不要忘记，与人工智能有关的卷积神经网络是在 1986 年提出的，而 VR 设备是从 1980 年开始研究的，它们今天是否已经大规模成熟应用了呢？并没有。相对它们而言，区块链技术还是个小弟弟，出现仅 10 年时间。没有经过足够的时间去实践、试错、验证，人们如何就能主观、仓促地得出"无用"之说？

　　其次，"区块链无用论"之所以站不住脚，除了没有给这项新技术足够的耐心之外，大多数人并没有真正去调查研究就下结论，这也是本书撰写的重要背景之一。笔者周围不乏持无用论观念的人士，当他们听说全球已经有那么多的公司在利用区块链技术，而且其中不少应用已经获得了实实在在的效益时，无不感到惊讶，无不觉得先入为主的一些片面说法影响了他们对区块链技术的正确认知。

　　例如，区块链的性能问题真的会导致区块链完全没法用于金融行业吗？北京航空航天大学教授蔡维德先生在《区块链在金融领域应用的可行性》中指出，很多人认为现代金融系统每秒需要处理大量交易，其实不然。例如2017 年支付峰值达到 25.6 万笔 / 秒，eBay 和 PayPal 一般设定 600 ~ 1 000 笔 / 秒，但并不是金融机构的每种业务都需要处理大笔交易。例如，加拿大央行的测试使用加拿大银行和银行之间（Interbank）的交易系统，平均一天处理32 000 笔交易，以交易时间 8 小时计算的话，平均每秒 1.11 笔交易；欧洲央行和日本央行的测试使用各自现有的系统，前者平均每秒 13 笔交易，后者平均每秒 3.26 笔交易。可见，我们并不能笼统地下结论说区块链的性能低下，不能满足金融系统的交易处理需求。

今天，我们也看到了非常多的区块链技术应用给出了漂亮的数据，证明了区块链技术不仅不影响效率，反而大大提高了效率。比如跨境小额转账，现在是怎么完成每一笔交易的呢？目前跨境小额转账必须通过环球银行金融电信协会（SWIFT）的系统。因为不同国家对于转账的政策不同，所以会存在转账时间过长的问题，此外，SWIFT 的系统还有网络速度慢、手续费高、技术落后、不能实时到账、容易被攻击等缺点。SWIFT 在意识到自身缺陷后，推出了 GPII 计划作为现有跨境汇款的补充加强方案，能做到当天清算和费用透明。2017 年后，SWIFT 也宣布进军区块链，尝试将开源区块链技术整合到自己的产品中，打造区块链 App，同时加入超级账本项目（Hyperledger Project）成为其会员。2018 年 6 月 25 日，港版支付宝 AlipayHK 上线基于区块链的电子钱包跨境汇款服务，这是蚂蚁金服在区块链应用场景的创新探索。用户从中国香港转账至菲律宾，从原来的 10 分钟甚至几天缩减到只需要 3 秒。2019 年，摩根大通 JPM Coin 稳定币的推出，意味着世界级主流投行开始正式介入区块链跨境支付领域。

能有力回击"区块链无用论"中效率低下观点的还有区块链上智能合约（Smart Contract）的应用。现在利用智能合约进行保险快速理赔成为现实。对于保险行业，很多人常常感慨"保险好买理赔难"，这一评价背后的潜台词多数是在说理赔过程漫长。保险业巨头安盛（AXA）在 2018 年 6 月推出了一款基于以太坊公链的智能合约保险产品 Fizzy：如果航班延误超过两个小时，投保人将自动获得赔偿。飞行数据由第三方提供，通过不同方式与智能合约连接，自动部分由智能合约通过"if/then 规则"处理。这种触发赔偿替代了过去客户必须证明他们应得到赔偿的过程。因此，安盛不再有索赔环节，这不仅节省了公司运营成本，大大缩短了理赔时间，还提升了客户的满意度。

可能还有人会强调区块链做商品溯源的无用性，这涉及链下信息的真实性问题,并不属于区块链技术能解决的范畴。因此,我们不能因数据源不能保证其真实性而否定区块链技术本身。至少我们看到,区块链技术让商品造假的成本更高,某种程度上也是对现实世界的一大促进。

区块链技术广泛应用于金融服务、供应链管理、电子政务、公益慈善、医疗健康、民生养老等经济社会各领域,将大大降低运营成本、提升社会效率,进而为经济社会转型升级提供系统化的支撑。

区块链现在主要面临的是两大挑战:一个是性能、隐私性、电力资源消耗等区块链技术、区块链原理导致的先天缺陷;另一个是来自非区块链技术层面的挑战,包括技术如何与监管有机融合、技术如何与业务有机融合等。

正如华为公司总裁任正非在谈创新时所说,一项新技术被大众所接受,必定要承受千万人的质疑,坚定这份信心才可能会成功。他曾在一次访谈中感慨道:"如果没有对我们(新技术)的宽容,就不会有华为。"

2019年10月24日,在中央政治局第十八次集体学习时,习近平总书记强调"把区块链作为核心技术自主创新重要突破口""加快推动区块链技术和产业创新发展"。世界上不仅是我国将区块链上升为国家战略性新兴产业,美国和欧洲许多国家也都在加紧布局区块链技术的创新发展。现在还在争论区块链有没有作用和价值,显然是苍白无力的。

我们应该认识到区块链技术的局限性,并做到正确看待它、利用它对人类社会产生积极意义的一面,不断尝试、发现、创造新的商业模式和新的价值。我们深信,随着区块链应用案例更加广泛的传播与分享,随着区块链技术公司不断致力于性能提升的研发,随着政府、组织、企业加入区块链应用探索中来,关于区块链的各种争论将趋于理性,关于杀手级应用的交流讨论会是接下来的行业热点。虽然区块链技术未来是否具有无穷潜力还无法确定,但至少它现在已经证明了自己能解决问题,确实是有用的。

二、区块链应用的发展阶段

区块链虽然非常年轻，但相关应用的发展也已经历了三个阶段。

阶段一：区块链应用时代 1.0

2008 年年末，中本聪发表了一篇名为《比特币：一种点对点的电子现金系统》的论文，首次提到了"Blockchain"这一概念。区块链简单来说是对区块形式的数据进行哈希加密并加上时间戳，并进行全网广播使所有节点共同见证，实现公开、透明且不可篡改，以此解决电子现金的安全问题。

随着中本聪的第一批比特币被挖出来，区块链应用时代 1.0 即数字货币时代也拉开了序幕。数字货币时代也就是我们熟知的数字货币应用，其中以比特币作为代表。数字货币和传统货币一样，具备支付及流通等货币职能。最著名的例子莫过于 2010 年，一位名叫 Laszlo Hanyecz 的程序员用 10 000 枚比特币购买了两份比萨，这被广泛认为是用比特币进行的首笔交易，也是区块链技术在现实世界的第一次应用。

在区块链应用时代 1.0，很少有人真正关注数字货币的应用价值及其背后的区块链技术的使用价值。

阶段二：区块链应用时代 2.0

区块链应用时代 2.0 则是以以太坊、fabric 为代表的智能合约对金融领域的开发和商业应用的时代，也被称为数字资产与智能合约时代。区块链应用时代 2.0 主要定位于应用平台，在这个平台上可以上传和执行智能合约。智能合约时代也就是真正意义上的可编程化区块链，通常以以太坊（ETH）为代表。这个阶段支持图灵完备的脚本语言，为开发者在其设置的操作系统上开发任意的应用提供必备的基础设施，实现了虚拟世界应用于实体的落地化。

区块链应用时代 2.0 最大的贡献就是通过智能合约彻底颠覆了传统货币和支付的概念。在 2.0 时代，区块链依据可追溯、不可篡改等特性，形成了信任基础，为智能合约提供了可信任的执行环境，使合约实现自动化、智能化成为可能。

阶段三："区块链 +"

区块链已成为全球技术发展的一个前沿阵地，其分布式、不可篡改和公开透明的特性使区块链技术在金融、政府管理、社会生活等方面拥有广阔的发展前景。区块链作为一个横向的连接性技术，不同于 AI、5G、IoT 等垂直性技术，在更大意义上是产业数字化中数据与链接的桥梁，是不同产业主体之间的连接器。

区块链需要与各个学科和产业深度融合来发挥价值。区块链是一项跨学科的应用科学，它的优势是建立生态，通过信息的流转带来价值的传输。这个生态需要和社会学、心理学、金融学等学科共同搭建，从而更好地为民生社会服务。

2018 年以来，区块链迎来爆发式增长，区块链技术与各行各业不断擦出火花。区块链技术正广泛应用于金融、医疗、文化娱乐、教育等领域，属于"区块链 +"的时代已经到来。

三、产业区块链在全行业的发展

随着区块链技术性能的提升和社会普及度的提高，经过 11 年的发展演变，区块链落地到实体经济的三大难题逐一得到解决。首先是性能水平的提升，以 2018 年 4 月迅雷旗下网心科技推出具有百万 TPS（Transactions Per Second，每秒事务数）的区块链产品"迅雷链"为典型代表。其次，物理世界到数字世界的映射正探明了一些解决方案。最后，全球主要经济体关于区块链的政策法规和标准都已经明朗。2018 年，美、中、英形成了比较有代表性的区块链监管政策。2019 年 1 月 10 日，国家网信办发布《区块链信息服务管理规定》，标志着中国区块链监管框架搭建基本完成，区块链技术终于迎来了实体落地的萌芽期。

2019 年以来，区块链在各领域落地的步伐不断加快，已在贸易金融、供应链、社会公共服务、选举、司法存证、税务、物流、医疗健康、农业、能源等多个垂直领域探索应用。截至 2019 年 8 月，由全球各国政府推动的区块链项目数量达 154 项，主要涉及金融业、政府档案、数字资产管理、投票、政府采购、土地认证 / 不动产登记、医疗健康等领域。其中，荷兰、韩国、美国、英国、澳大利亚等国的政府推动项目数排名前五，在探索区块链技术研发与应用落地方面表现得更加积极主动。

区块链通过点对点的分布式记账方式、多节点共识机制、非对称加密和智能合约等多种技术手段建立强大的信任关系和价值传输网络，使其具备分布式、不可篡改、价值可传递和可编程等特性。在应用上，区块链一方面助力实体产业，另一方面融合传统金融。在实体产业方面，区块链优化了传统产业升级过程中遇到的信任和自动化等问题，极大地增强共享和以重构等方式助力传统产业升级，重塑信任关系，提高产业效率。在金融产业方面，区块链有助于弥补金融和实体产业间的信息不对称，建立高效价值传递，实现传统价值在数字世界的流转，在帮助商流、信息流、资金流达到"三流合一"等方面具有重要作用。

第二章

区块链在政务系统里的经典落地案例

BLOCKCHAIN

DEFINING THE FUTURE OF FINANCE AND

ECONOMICS

一、各国政府对区块链技术的探索与尝试

随着区块链技术的迅猛发展，全球各国政府越来越体会到区块链技术对现实世界的冲击，越来越多的国家已经将区块链上升到国家发展战略高度，加快落地式运用。公开资料显示，2019 年世界各国共落地 845 个区块链项目，政务领域应用为 214 项，占比 25.33%。其中，中国和韩国在政务区块链的落地式新项目总数上领跑。

韩国大部分区块链应用都在政务领域。国家警察局、农村发展管理局、卫生福利部等多个部门，都已经运用区块链技术实现了业务数据上链与流程管理。在实现公文管理、网络投票上链后，2019 年 2 月，日本的福冈、茨城进行了包括数字化商品券、灾害防止等区块链试点验证实验。美国政府的区块链技术重点围绕公民服务、监管合规性、身份管理和合同管理四个方面的应用进行探索。早在 2016 年 9 月，美国国防高级研究计划局（DARPA）就建立了基于区块链的数据完整性监控系统。2020 年 1 月，美国国防部创建超级账本区块链协议的通信平台。澳大利亚政府采用与美国相同的武器装备供应商——洛克希德·马丁公司，将区块链技术的特征集成到其数据系统中，应对网络和武器操作系统中的潜在威胁。

区块链在数字政务落地上即将迎来爆发。区块链根据共识体制搭建了一个多方面参加的信赖互联网，进一步保持互联网技术与政务的紧密结合，提升政府工作流程，促使政务公布真正迈向全透明、可靠。

二、中国政府对区块链技术的探索与应用

2019 年中国区块链落地应用主要以政务类为主，共 142 项，占比 36%。

应用区块链的场景集中在政务服务的数字化转型、司法、税务、商业服务、电子票据、数字身份等方面。

2019 年，各地政府都在积极探索区块链与政府服务的融合，一些区块链服务平台已落地试行并投入日常使用（见表 2-1）。

表2-1　区块链电子政务领域应用案例表

主体	应用案例
浙江湖州	利用区块链等技术推出全市统一城市服务 App
广州市黄埔区	首创"区块链 +AI"服务模式
北京市海淀区	借助区块链技术办理不动产登记
北京市顺义区	利用区块链解决棚改项目资金安全问题
贵阳清镇市	运用区块链技术实现"分身链"
天津开发区	区块链智慧招商生态服务平台上线
深圳税务局	深圳市区块链电子发票试点范围不断扩大
广东省税务局	广东省开出电商行业首张区块链电子发票

区块链技术的优势能为司法工作服务，用于司法机关刑事全方位案件记录和民商事纠纷的定纷止争等，帮助解决电子证据固定难、采信难的问题，提升司法效率。目前，我国在司法治理领域的区块链应用正快速发展，涌现出了一批成功的应用案例（见表 2-2）。

表2-2　区块链司法治理领域应用案例

主体	应用案例
广州互联网法院	利用区块链等技术推出全市统一城市服务 App
吉林丰满区检察院	首创"区块链 +AI"服务模式

续表

主体	应用案例
青海省高级人民法院	借助区块链技术办理不动产登记
杭州互联网法院	利用"区块链"解决棚改项目资金安全问题
北京互联网法院	运用区块链技术实现"分身链"

　　公信力是慈善机构的生命线，其重要性不言而喻。区块链技术有望成为强化慈善机构公信力的重要法宝。当前，在慈善领域，区块链基础产品研发取得了一定突破，互联网企业基于区块链的慈善平台已经上线，区块链应用正在逐步展开，并不断取得进步。

　　随着区块链行业应用覆盖范围的逐渐扩大，以及各级政府出台政策鼓励区块链发展，我国区块链在政务领域的应用已经迎来了新一轮爆发。

三、场景 1：区块链与税务

（一）政府税务目前的痛点与挑战

　　改革开放以来，我国税务管理模式不断更新，"管户制""管事制""信息管税制"等制度的实施，在保证我国税收收入稳步增长和经济体系平稳运行方面功不可没。面对不断增长的纳税主体数量、更加复杂的涉税业务种类以及不断涌现的税务票据案件，传统税收征管模式已不能完全满足大数据时代智能化征管的需要，尤其在纳税信誉等级、税收遵从、税源监控、税务稽查等领域，急需借助新技术手段打破现有税务数据孤岛、信息沟壑等难题。

　　自 2013 年推广至今，电子发票已经渗透到电商、金融、物流、电信等十几个领域。但是电子发票在为企业增效、为社会节能减排、为税务机关全面提升税收征管水平做出贡献的同时,也面临着全生命周期管理中多个痛点和难点。

一方面,问题主要体现在企业报销、入账、流转环节。虽然电子发票在开具时难以造假,但是由于其电子数据的保存形式,可以重复下载和打印,这就造成了电子发票重复报销、重复入账的风险。同时,由于很容易通过图像处理技术篡改信息,电子发票还存在着虚假报销、虚假入账的问题。

另一方面,电子发票的推广阻力来自小微企业。开具电子发票需要企业购买增值税发票系统,升级版税控设备,自建或者委托第三方搭建电子发票服务平台需要消耗人力、物力和财力,这对于小微企业来说是一笔不小的开支,也在一定程度上限制了电子发票的全民推广应用。

(二)区块链技术如何赋能政府税务

"区块链"技术的出现为我国税务体系中相关主体之间数据信息共享、信任创建评价等方面提供了解决方案,促使现有征管模式在征管效率、征管手段、征管方式等方面悄然发生改变,为构建现代化纳税服务和税收征管体系奠定了技术基础。区块链所具有的去中心化、去信用化、可追溯性等显著优势,可以使其在税务管理中的证据认定、发票管理、税库银联网、纳税遵从、纳税信誉等级认定等方面具有广阔的应用潜力。

事实上,各国政府都在非常积极地拥抱区块链这项新兴的"革命"技术。2017 年,英国政府就发布报告呼吁政府各部门通过使用区块链分布式账本技术提高服务效率,更好地履行政府职能。同年 6 月,我国国家税务总局征管和科技发展司成立了"区块链"研究团队,2019 年年初更是提出"要进一步强化对组织收入全过程的分析监控预警,重点加强对区块链技术的研究,尤其是要积极探索区块链技术在税收征管领域的潜在影响和合理用途"。一时之间，区块链技术的先天优势得到了税务部门和纳税主体的双重重视。京东、腾讯等国内著名企业更是投入了大量人力、物力、财力探索区块链技术在供应链领域的应用模式，希望以此打造供应商、消费者、电子商务平台、税务管理部门之间的区块链数据体系。

（三）区块链 + 税务案例

────── **案例1　国家税务总局深圳市区块链电子发票** ──────

区块链电子发票由深圳市税务局主导，是全国范围内首个"区块链 + 发票"生态体系应用研究成果。2019 年 11 月初深圳市区块链电子发票开票量就突破了 1 000 万张，这是继 2018 年 8 月全国首张区块链电子发票（见图 2-1）在深圳诞生以来的又一个里程碑。

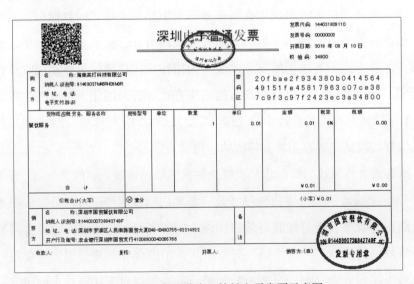

图 2-1　全国首张区块链电子发票示意图

（资料来源：根据网络资源整理。）

（四）"区块链发票"才是真正的电子发票

区块链电子发票是指发票的整个流转环节都是在区块链这个分布式计算处理载体下运行的发票，从发票申领、开具、查验、入账等流程实现链上储存、流转、报销。区块链电子发票具有全流程完整追溯、信息不可篡改等特性，与发票逻辑吻合，能够有效规避假发票，完善发票监管流程。区块链发票将联结每一个发票干系人，可以追溯发票的来源、真伪、入账等信息，解决发票流转过程中一票多报、虚报虚抵、真假难验等难题。此外，它还具有降低成本、简化流程、保障数据安全和隐私的优势。

区块链电子发票还有一个显著的特点是没有数量和金额的限制。也就是说，如果一家公司业务特别好，业务形态多样，就非常适合采用区块链电子发票的方式，能省却发票不够用时要向主管税务局申请发票增量、金额不合适的时候要申请改变发票版本等麻烦事（见图2-2）。

传统发票	**区块链电子发票**
对交易真实情况无法查证	可追溯查证整个交易过程
存在伪造发票可能性	多方共同记账，数据可靠
发票信息录入费时费力	商家开票信息同步至税务局和企业系统

图2-2　传统发票与区块链电子发票的对比

与传统发票相比，区块链电子发票具有不收费、不需税控盘和专用设备、不需单独抄报税、不需领票、按需供给、不需超限量的特点。经营者能在区块链上实现发票申领、开具、查验、入账，同时消费者也可以实现链上储存、流转、报销等流程。对于税务部门而言，则可以实现全流程监管和无纸化智能税务管理（见图 2-3）。

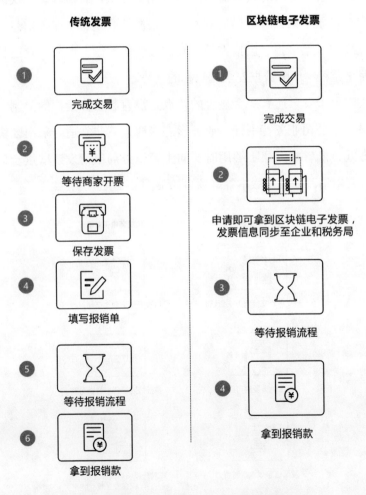

图2-3　传统发票与区块链电子发票报销流程对比

随着"交易即开票，开票即报销"的区块链电子发票时代的到来，区块链电子发票正带动着传统财务报账体系的变革，过去传统报销拿票、贴票、审批、打印装订的流程将会发生巨大的变化（见图2-4）。

主要流程（领票、开票、流转、报销）

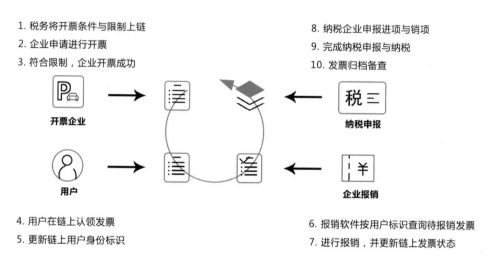

图2-4　主要流程（领票、开票、流转、报销）

全国首张区块链电子发票于2018年8月在深圳开出。根据新华社报道，经过一年多落地应用，深圳市已有7 600多家企业接入区块链电子发票系统，开票金额超70亿元。[①] 目前，区块链电子发票被广泛应用于深圳的金融保险、零售商超、酒店餐饮、停车服务等行业。

2019年11月1日，国家税务总局深圳市前海税务局发布《关于全面推行电子发票的通告》。决定从11月1日起，全面推行电子发票同时取消纸质普

---

① 印朋．深圳区块链电子发票突破1 000万张[EB/OL]．[2019-11-01]．http://www.xinhuanet.com/local/2019-11-01/c_1125179454.htm.

通发票。2020 年 1 月 1 日起，停止办理纸质普通发票的申请领购手续。预测在 2020 年年底前，全国各地将全面取消纸质发票。

──────────── **案例2 东港瑞宏区块链电子发票** ────────────

2020 年 3 月 3 日，在东港瑞宏提供区块链底层技术的支持下，北京市税务局开出第一张区块链电子发票，北京市税收服务管理正式踏入区块链时代。北京市税务局将在全市范围内逐步开展区块链电子普通发票的试点推广工作，目前选取了部分纳税人的停车类通用发票、景点公园门票启动推广，后期适时将其他行业纳税人纳入区块链电子普通发票的试点范围。

早在 2018 年 1 月，东港瑞宏便与井通科技达成战略合作，成立区块链研究室，共同对区块链的分布式数据存储、点对点传输、共识机制、加密算法等技术进行研究，充分运用区块链的去中心化、安全性和不可篡改、可追溯性等特性，结合电子发票实际业务，利用井通科技的区块链技术，以生态联盟链的方式，构建税务部门、第三方电子发票服务商、区块链技术服务商、开票企业、受票企业"五位一体"的电子发票新生态。2018 年 7 月，双方联合成立"电子票据区块链实验室"，并发布了区块链电子发票产品，可实现电子发票扫码、支付、开具、上链、链上查验、记账状态上链一体化的管理，解决了发票信息呈现孤岛、发票重复报账等问题，确保发票数据安全可靠，无法篡改，实现了发票价值的去中心化传递，降低对传统业务模式中数据中心的依赖，减少运营和操作的风险，提升了管理效能，推动税收营商环境优化。

东港瑞宏区块链电子发票基于区块链技术构建开具、入账、报销的电子发票新生态。将"资金流、发票流、货物流、交易流"四流合一，打通了发票核定、支付、开票、报销全流程（见图 2-5）。

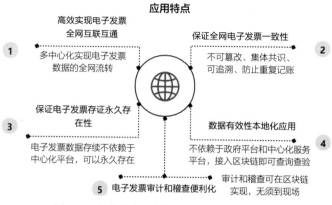

图2-5　东港瑞宏区块链电子发票应用特点

（资料来源：根据瑞宏网官网资料整理。）

东港瑞宏区块链电子发票主要有电子发票开具入账报销全流程上链、基于底账库的电子发票上链和基于现有税控设备的电子发票上链三大应用场景。

1. 电子发票开具入账报销全流程上链

如图 2-6 所示。

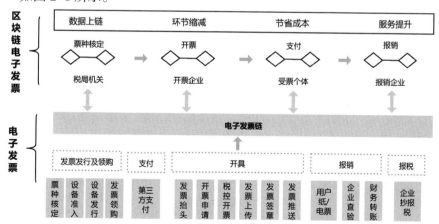

图2-6　入账报销流程图

（资料来源：瑞宏网官网。）

2. 基于底账库的电子发票上链

如图 2-7 所示。

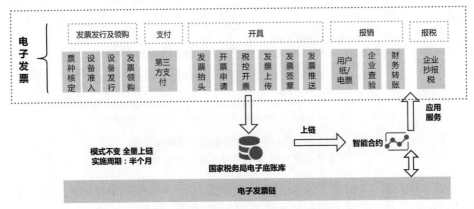

图2-7　基于底账库的电子发票上链流程图

（资料来源：瑞宏网官网。）

3. 基于现有税控设备的电子发票上链

如图 2-8 所示。

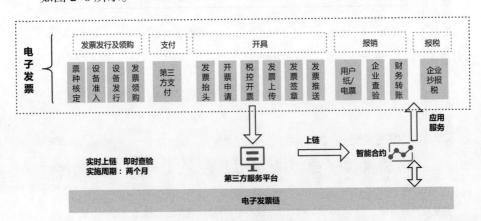

图2-8　基于现有税控设备的电子发票上链流程图

（资料来源：瑞宏网官网。）

在此之前，已有广州市、深圳市、杭州市等地先后落地区块链电子发票。多地税务机关落地区块链电子发票旨在借助区块链技术解决传统电子发票存在的痛点。以区块链技术保证电子发票的真实性、唯一性和溯源性，可杜绝发票虚开、一票多开等违法犯罪问题，实现对国家税收的高效治理。

—————— 案例3　京东互联网采购（e采）平台 ——————

2018年8月，京东集团与中国太平洋保险集团宣布，联合利用区块链技术实现增值税专用发票电子化项目正式上线运行，通过区块链专票数字化应用，推动双方互联网采购全程电子化，打造高效、透明和数字化的采购管理体系。

区块链专票电子化在太平洋保险的试点应用，主要着眼于解决"太保 e采平台"支付对账环节的效率问题和安全痛点。金融采购尤其注重效率、合规和安全性，利用区块链专票电子化技术，京东不仅节约了纸质发票成本，降低了金融机构间的对账成本，还显著提高了财税管理效率，为金融行业采购带来成本和效率优势。在安全性方面，利用区块链的分布式存储、去中心化和防篡改特质，能够有效解决增值税发票虚开、重复报销问题，杜绝增值税发票伪造现象，实现各节点发票安全查询。

通过区块链专票数字化应用，京东企业购对金融行业采购解决方案进行了全面升级，并应用到"太保 e采平台"中。京东增值税专用发票电子化基于区块链技术搭建了一整套无纸化全流程应用，做到发票的开具、流转、报销、使用、抵扣、归档均在区块链上电子化完成（见图2-9）。

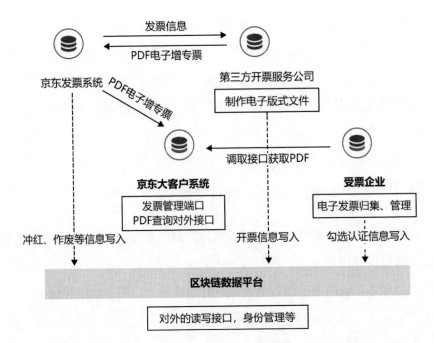

图2-9 京东区块链增值税专用发票电子生态

（资料来源：京东数字科技白皮书。）

区块链技术的保密性、可追溯性、安全性等特性使得该平台具有很强的通用性，其他企业可方便地接入区块链平台，及时获取准确的增值税专用发票电子化信息，进行发票的开具、使用、报销、抵扣认证、交易管理、数据对账、逆向处理等操作，同原有纸质发票需要人工核对多个发票字段信息的方式相比，基于区块链的增值税专用发票只需要比对哈希值就能实现发票信息的精准快速核对。通过区块链专票数字化应用，可实现企业采购全流程电子化升级，打造高效、透明和数字化的采购管理体系。打通采购系统、财务系统、报销系统，实现全流程数据由系统自动生成或通过系统对接自动采集，减少人工操作，实现采购流程的透明化。

京东集团和中国太平洋保险集团在互联网采购领域密切合作，共同尝试区块链在专票电子化方面的应用,逐步解决在对账支付环节纸质发票及报销的传统难题。新闻报道显示,以往大型招标采购项目需要耗费平均30人、50～60个工作日才能完成,而e采削减了近75%的人工审核环节,实现了成本和效率的全面优化。[①]

——————— 案例4 广州"税链"电子发票区块链平台 ———————

2018年6月,全国首个电子发票区块链平台"税链"在广州正式上线。广州燃气集团有限公司由税务机关授权加入区块链网络,开出首张"上链"发票,实现全国首张电子发票上区块链存储、交换和共享。

2018年12月,广东省税务局在先前成功试点的基础上升级了"税链"区块链电子发票平台,旨在解决消费者开票难,纳税人领票繁、归集难等问题,实现发票自动领用、自动归集,避免发票重复报销,开具区块链电子发票,打通了"支付—开票—报销"全流程。

传统电子发票相对于纸质发票虽然具有便于保存、绿色环保等优势,但是对于开票方而言,数据传递反馈低效,跟踪困难,数据一旦丢失无法恢复;对于受票方来说,无法跨平台归集,咨询打印不方便,企业重复做账、一票多报等现象无可避免;对于税务部门而言,虚假发票防控困难。

"税链"在变革传统电子发票模式的基础上,构建发票全生命周期的新生态,为税务部门、开票方、受票方提供了"区块链+发票"场景化的完整解决方案。税务部门和纳税人通过独一无二的数字身份,加入"税链"区块链网络,基于区块链的可溯源、不可篡改、安全加密、点对点传输四个技术

———————————————————

① 京东上线首个区块链专票电子化项目 企业采购全流程电子化迎来"二次革命"[EB/OL]. [2018-08-21]. http://science.china.com.cn/2018/08/21/content_40469994.htm.

优势，加入"税链"的三方都可追溯发票的来源，鉴别发票真伪，跟踪发票报销入账的情况，并解决发票流转中数据泄露、数据篡改、一票多报等一系列全生命周期难题。

基于区块链技术可通过特定的算法记录每一个交易事项，交易的每一个后续变化都可在连接和可追溯的链条下游创建另一个数据区块，并且在交易的每一个环节都实时复制一定时间内全部的交易数据，使交易数据几乎不可能被伪造或销毁，在无须借助第三方平台的背景下，企业财务部门压力大减。

2019 年 2 月，天猫商城商户开出首张区块链电子发票，"税链"区块链电子发票的应用范围首次扩展到大型电商领域。同年 5 月，广东省"税链"区块链电子发票再出新举措，在停车场推出区块链电子发票。

广州市黄埔区税务局数据显示，截至 2019 年 11 月，通过广州"税链"区块链电子发票平台上"链"的发票数量已经超过 2.7 亿，发票归集功能惠及近 6 万户开票纳税人。①

四、场景 2：区块链与公益

（一）公益发展的痛点与挑战

近年来，随着轻松筹、水滴筹等网络公益众筹平台的相继出现，骗捐事件频发。从 2016 年的"罗一笑事件"，到某自媒体发文称坐拥 10 套房的企业高管众筹 30 万元，一起又一起的公益失信事件使公众丧失了对公益的信任。而传统的公益机构在经历"郭美美事件"和新冠肺炎疫情时期湖北红十字会

---

① 首张区块链发票诞生在广州 上"链"发票数量已经超过2.7亿[EB/OL]. [2018-12-22]. http://news.ycwb.com/2019-12/22/content_30418139.htm.

事件后，社会公信力已经大打折扣。

透明度问题是传统公益的一大痛点，爱心人士在捐款后无法得知款项是否落实。并且传统的公益模式程序复杂，一般是在公益组织发起捐款活动后公众才能进行参与，这大大降低了捐款的效率。

如今风行的"互联网＋公益"募捐模式则缩短了捐款程序。公众可以直接成为公益活动的发起者，节约了大量的救助时间。然而这一模式依旧面临着透明度的痛点，求助者收到款项后是否将募捐款用于实处、剩余款项是怎么处理的，捐款人都不得而知。事实上，更多的企业或互联网媒体只是依靠公益完成广告营销，对求助者的个人信息并不会去确切核实，财务完整走向也不会全程跟进，信息的不对等也是造成骗捐事件频发的原因之一。

但是另一方面，为了维持公益组织对外信息的公开和透明，却也需要实实在在地消耗大量的人力和物力，这无疑加大了公益组织运行的难度和风险。小规模的公益组织需要配备专人负责筹款和财务动向发布；中大规模的公益组织更是需要设立专门的部门来完成这项工作。同时人工的检查和比对难免犯错，而一旦出现错误被公众所察觉，对其品牌的伤害是不可挽回的。这是困扰众多公益组织和机构的大难题，然而目前还没有办法解决。

（二）区块链技术如何赋能公益

区块链上存储的数据，具有高可靠性且不可篡改的特征，天然适合社会公益场景。公益流程中的相关信息，如捐赠项目、募集明细、资金流向、受助人反馈等，均可以存放于区块链上，在满足项目参与者隐私保护及其他相关法律法规要求的前提下，有条件地进行公开公示，方便公众和社会监督，助力社会公益的健康发展。

去中心化的区块链技术具有可追溯的特点，因此每一笔捐款在区块链系统里都是公开透明的，自然分布于网络节点上。当受助者获得捐款后，由于链上实时储存了每笔款项，受助者和捐款方都可以查看监督整个财务流程，没有人能够挪用捐款或对明细造假。

在求助者的信息审核上，由于区块链存储的数据是不可伪造和篡改的，用户信息账号在链上的任何历史信息都会被记录下来并永久保存。求助者如果想要修改自己的个人信息来骗捐，是无法实现的。

对于公益组织而言，区块链的应用可以大大降低其运营成本，在数据核对、发布、公共知情权的维护方面的成本可以大幅减少；对于公众而言，一旦公益组织使用了区块链技术，就意味着其再也无法对内部账本进行随意更改，捐款数额与走向都是全面、透明、公开的，任何人都可查看，从而消除了公众对公益组织私自挪用捐款金额、贪污等行为的担忧。

（三）区块链 + 公益案例

案例5　善踪慈善捐赠平台

2020 年 2 月，由中国雄安集团数字城市公司与杭州趣链科技有限公司联合打造的慈善捐赠溯源平台——"善踪"正式上线。该平台利用联盟区块链网络，在抗击新型冠状病毒肺炎疫情过程中，为各社会机构提供透明公开的捐赠信息溯源服务。

在慈善捐赠和抗击疫情中，面临着"需求难发声、捐赠难到位、群众难相信"三大难题，尤其是在新冠肺炎疫情期间，很多医院出现了物资短缺，也有不少捐赠物资在捐赠后难以追查捐赠进度。捐赠流程的透明度低，导致慈善机构的公信力逐渐缺失。区块链作为一项分布式账本技术，具有信息不可篡改、公开透明、可追溯等特点，能够完美解决公益慈善事业存在的痛点。

区块链在物资捐赠及分发等全流程尽可能摆脱人为因素，以算法与技术重塑信任机制，使捐赠流程成本更低、效率更高，更好地解决了信任问题。

在"善踪"慈善捐赠溯源平台，关键捐赠数据、发布需求都将上链存证，包括平台发起方在内的所有人都无法对链上的数据进行篡改，保证信息与信息源的可查可追溯，为社会各界提供全流程公开可查可反馈的监管途径。

"善踪"平台的底层技术由杭州趣链科技有限公司提供，趣链科技区块链底层平台和飞洛 BaaS 平台为慈善捐赠管理溯源平台提供了高效可靠的技术保障。每项已完成捐赠和待捐赠的项目中，平台均为其"配发"了相应的区块信息、区块高度、存证唯一标识及上链时间，并明确标识该项目"已在趣链区块链存证"（见图 2-10）。

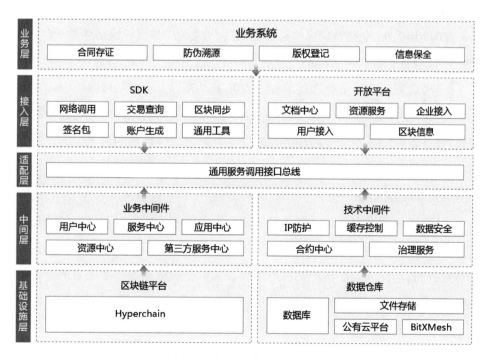

图2-10　趣链飞洛产品架构图

（资料来源：趣链科技官网[EB/OL]. https://filoop.com/product/fly.）

此外，基于趣链科技的高鲁棒性拜占庭容错算法（RBFT），"善踪"慈善溯源联盟可以做到快速增加新成员节点，让更多机构加入平台的验证监督。

同时，"善踪"平台引入杭州互联网公证处为其提供"互联网＋公证"服务，以法律手段切实防范诈捐等不诚信行为，联合推动解决捐赠流程中的难点，引导慈善公益事业更加高效、透明，提高慈善机构的公信力。

"善踪"平台数据显示，截至 2020 年 2 月 27 日，已有逾 200 家企业在"善踪"平台注册，多家企业向湖北等地医院及慈善机构发起新型冠状肺炎疫情中的慈善捐赠，存证数量已近 600 条。[①]

——— 案例6　上海众爱公益基金大凉山捐款上链（公益）———

2017 年 7 月，全球首家区块链公益项目"众托帮"推出区块链慈善平台"心链"，旨在让公益和慈善活动变得更透明可信，扩大慈善活动的社会影响力。

上海众爱公益基金会在此基础上发起了"暖心大凉山"慈善活动，该活动将公益任务的二维码印在快递纸箱上，用户扫一扫二维码即可完成相应的公益任务，每完成一个爱心任务，基金会会做出相应数额的捐赠。活动的所有流程都被记录在心链上，捐赠金额公开透明，所有完成爱心任务的用户都能获得相应的爱心数字资产。

从心链使用流程来看，爱心捐助企业发布任务，并通过对接心链的智能合约系统实现完成任务后爱心资产的发放；参与的用户完成企业发布的任务，智能合约自动完成爱心资产的发放；爱心捐助企业根据心链上记录的金额，通过公益基金会完成捐助，捐助的记录证明写入区块链公示；所有人可以通过区块链浏览器查询公示信息，以及自己和别人的爱心资产数量（见图 2-11）。

---

① 善踪官网[EB/OL]. https://charity.filoop.com/.

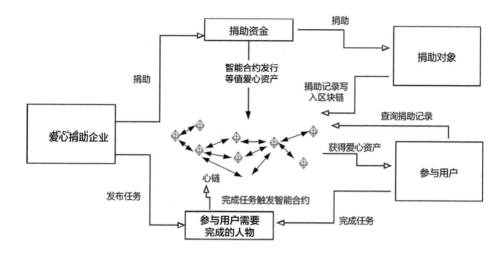

图2-11 捐款流程架构图

（资料来源：心链官网[EB/OL]. http://www.xinchain.org/.）

众托帮发布的"心链"具有以下几个特性：

（1）对于公益组织和慈善机构，心链能够进一步提升公益透明度，公益组织、支付机构、审计机构等均可加入进来作为心链系统中的节点，以联盟的形式运转，方便公众和社会监督，自证清白，助力社会公益快速健康发展。

（2）对于参与公益的企业，在心链上发布公益任务能够降低获客成本，同时提升品牌形象，并奉献了爱心。

（3）对于参与公益的个人，只要完成相应的公益任务就能获得爱心数字资产，同时也参与了基于区块链的公开透明的善举，能够在区块链上随时监督善款的数量和用途，也奉献了自己的爱心。

（4）爱心数字资产的发放通过智能合约实现，更加客观、透明、可信，有效杜绝捐助过程中的各种猫腻儿行为。

（5）通过区块链浏览器各参与方可方便地查询区块链上的记录和爱心资产的数量。

根据心链官网数据，截至 2020 年 3 月，已有 275 185 769 笔捐赠款项记录在心链上，涉及金额 93 420 033.95 元，[①] 在链上可查询到每笔捐赠金额的记录和资金的流向，真正做到了公开透明，让慈善运作在阳光下。

案例7　轻松筹"阳光链"

为了解决公益信任的问题，轻松筹自 2016 年起便开始了对区块链技术的探索，搭建了区块链实验室，并于 2017 年正式推出"阳光链"。通过技术手段，将捐赠记录、资金流向公开透明，为公益事业及大病救助的发展指明了新的方向，成为政府、公益组织和社会之间的有效衔接途径。

轻松筹基于区块链技术研发出的公益"阳光链"，联合 40 家公募慈善组织和 20 家非公募慈善组织，利用公益节点，聚合所有慈善公益组织，让筹款项目一目了然地展示在大众面前。捐款者可自主选择捐款项目，发起者可根据自身情况选择适合的组织自行发起项目。

阳光链是一种去中心化的信任体系，它本身是基于区块链技术开发的，无须依赖第三方中介，只需将信息广播到阳光链节点，全网自动同步，完全公开透明，杜绝欺诈。其最大的优势是不可篡改任何捐款数据，所筹款项将通过阳光链技术永久保存，随时随地可上网查询。用户看到的所有项目筹款信息、捐款明细、项目进展全部由公益节点进行实地考察、验证，并记录在阳光链上。用户还可以通过阳光链浏览器追溯每一分钱的去向（见图 2-12）。

不仅如此，阳光链公益节点还会将全国公益组织、医院和企业集结到一起，为所有发起的项目做审核和背书，让普通老百姓除了资金以外，还能在医疗、

---

① 心链官网[EB/OL]. http://www.xinchain.org/.

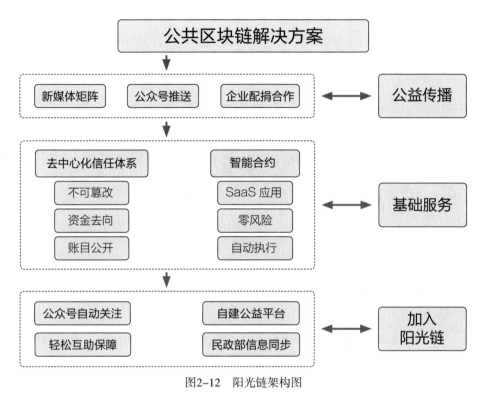

图2-12　阳光链架构图

（资料来源：阳光链官网[EB/OL]. https://www.yglian.com/solution.）

特殊病种或药物方面得到救助。阳光链公益节点在个人求助发起后，会通过自有的审核机制对项目进行严格把控，由当地志愿者、医院或企业为项目进行证明，保证了筹款的真实性。

　　产品特性方面，阳光链首先解决的是交易性能和安全性问题。大病互助的海量交易过程中，可能有几十万的用户同时参与，其自研的底层区块链平台，每秒交易笔数可以达到10万次。系统的分布式算法，可以保障在如此高频的交易中也不会有错误信息写到链上；相当于链条分为多个区块，单个节点的崩溃不影响其他区块的正常运转；同时，还有认证体系等技术保证传输加密的安全性。

阳光链官方数据显示，截至 2018 年 4 月，已有超过 4 000 万会员加入阳光链，累计有 682 位大病会员获得互助金，累计划拨互助金总额超过 1.49 亿元。到 2019 年底，阳光链上有超过 180 家公益组织医院。[①]

—————————— 案例8　33慈善平台 ——————————

2020 年年初，新冠肺炎疫情突发，口罩、防护服等医疗物资一时之间供不应求。在海内外华人纷纷捐款和捐物之际，武汉市红十字会由于其内部流程和数据无法做到公开透明的公示，引起了公众对于公益事业的透明和公正的持续关注。为了重塑公众对公益慈善组织的信任，杜绝"假慈善"现象，杭州复杂美科技于 2020 年 2 月上线了 33 区块链慈善平台。

区块链技术以底层技术规范建构了参与者的共识机制，此共识机制可以作为慈善组织信息披露的标准，慈善平台将相关信息上链，实现披露信息的透明和全网公开，解决慈善组织信息披露能力不足、信息披露平台不健全、信息披露范围不明确等问题，为公益慈善行业提供全链路可信高效的解决方案：运作透明可监督、需求分发更便捷、物资状态与去向可追溯、多方协同更高效等，让公益慈善行为在阳光下公开透明地开展，重塑社会信任体系，让爱心得以延续，从根本上解决传统互联网慈善领域的几大痛点。

（1）各方身份实现可确认，并且有多次历史数据可验证。

（2）物资标准化并且可以自由匹配，价格可控，资源配置也更加合理。

（3）资金方最后支付后才可完成订单，对各方都能实现有效监督。

（4）物流及善款的使用过程全程都公开透明，后期需要通过资助方或授

---

① 阳光链官网[EB/OL]. https://www.yglian.com/.

权方在链上同意才可以转分配或转捐赠。

（5）患者或家属验收后在链上确认，并可进行评价。

复杂美科技的底层区块链技术为 33 慈善平台提供强有力的技术支持，并根据运营需求上线新功能。新版本的慈善平台，在公开、透明地公布数据外，还以可视化的方式呈现了慈善捐款数据，并对数据进行分类。新增各地志愿医护人员的排行榜、捐款排名、受捐排名以及累计捐款额，数据由平台用户实名上传或来自收录的公开信息（见图 2-13）。

图2-13　33慈善查询页面

（资料来源：33慈善平台官网[EB/OL]. http://cs.33.cn/.）

33 慈善平台上线一个月内，已完成收录慈善捐助、志愿者等信息超过 30 万条。[①]

---

① 33慈善平台官网[EB/OL]. https://cs.33.cn/.

五、场景 3：区块链与民生

（一）民生发展的痛点与挑战

各级地方政府和部门在开展电子政务时往往各自为政，采用的标准各不相同，业务内容单调重复，造成新的重复建设；各应用系统单独规划，每个系统往往采用不同的数据格式，运行在不同的平台，给彼此之间的数据交换、协同应用带来了障碍。

从流程上看，政府部门的工作流程都比较复杂，很多网上审批流程可能会涉及不同系统、不同级别的多个政府部门。就公众用户而言，"一站式"服务需求、按需服务需求、及时服务需求无法在现有应用系统中得到满足和实现。打通这些"信息孤岛"或"数据烟囱"，实现各系统彼此之间的数据交换和协同应用，是信息化建设亟待解决的重大问题。

虽然各地政府已经建设相关的信息服务平台，但是在操作体验层面与对公众用户理想的服务水平还有差距。对公众用户需求集中、办理率高、办理时长与活跃度高的政务事项应当不断调整优化，不仅需要提取"高频事项"让公众用户率先"找到"，还需让公众用户更便捷地"办到"。

在民生政务的办理过程中，还存在着随意以官方或半官方身份透露他人婚姻、财产、住址、通信信息等隐私的风险，虽然没有像电信诈骗一样造成恶劣影响，但政务服务人员如果失却对隐私的基本常识与底线，不仅可能违纪，还可能违法入刑。

（二）区块链如何赋能民生

2019 年 10 月 24 日，中共中央政治局就区块链技术发展现状和趋势进行第十八次集体学习。中共中央总书记习近平在主持学习时指出：要探索"区块链+"在民生领域的运用，积极推动区块链技术在教育、就业、养老、精准脱贫、医疗健康、商品防伪、食品安全、公益、社会救助等领域的应用，为人民群众提供更加智能、更加便捷、更加优质的公共服务。①

"区块链+"民生大有可为。借助区块链技术，不仅能够推动实体经济发展，还可以促进民生改善。以脱贫攻坚为例，通过区块链协同计算、大数据分析和人工智能新技术，解决基础数据掌握不全面等问题，能够助力精准脱贫攻坚更加高效、透明、公正。区块链技术与农业数据融合，也可以轻松地跟踪、管理和处理从农作物到库存，再到精确统计数据的各个环节，提升农业供应链的管理效率。

区块链技术可以解决数据权责不清、难有质量、难共享、难开放等发展中的"痛点"。目前区块链技术已经在商品溯源、电子发票、疫苗管理等多个和人民生活息息相关的领域得到应用。国家互联网信息办公室已经在 2019 年 1 月 10 日发布《区块链信息服务管理规定》，自 2019 年 2 月 15 日起施行，不断探索"区块链+"在民生领域的运用。

（三）区块链 + 民生案例

────────── **案例9　湖南娄底不动产区块链电子凭证** ──────────

2018 年 11 月 13 日，全国首张不动产区块链电子凭证在娄底发放，实现

① 习近平在中央政治局第十八次集体学习时强调，把区块链作为核心技术自主创新重要突破口，加快推进区块链技术和产业创新发展[N/OL]. [2019-10-25]. http://www.xinhuanet.com/politics/leaders/2019-10/25/c-1125153665.htm.

了"一窗受理，一站办结"，极大方便了群众办事。当日，湖南娄底市不动产区块链信息共享平台正式上线启用，共享平台将提高"放、管、服"的水平，真正做到让"数据多跑路，群众少跑路""最多跑一次"。作为娄底在政府服务领域的首个落地应用场景，娄底市不动产区块链信息共享平台在全国率先打破了部门和层级障碍，打通了信息共享和管理协同的通道（见图2-14）。

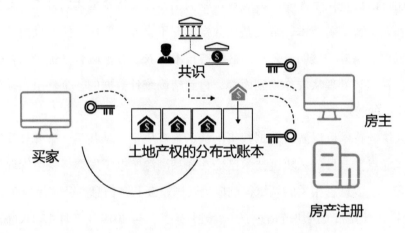

图2-14　基于区块链技术的产权注册流程
（资料来源：根据网络资源整理。）

　　整体来看，不动产投资是居民资产配置的主要方式。全球不动产总值已经超过 217 万亿美元，占全球主流资产的 60%。但是，正因为资产价值高，不动产行业仍存在着不动产分拆界限不清、交易资质确认难、链条冗长拖沓、透明度不高、溢价率高等未能很好解决的痛点。

　　区块链以其数据不可篡改、点对点的优势，不仅可以保护数据所有权唯一、不可篡改，并验证所有者对该记录状态的更改，创建可靠的财产记录，还可以广泛应用于政务中对数据管理要求高、协作强的各个领域。娄底市不动产区块链信息共享平台实现了政务数据的"四网互通"，目的是实现不动产登记与国土、税务、房产等政府职能部门数据上的互联互通。

娄底市"四网互通"可以在不动产交易方面实现如下操作：

·娄底市所有房产交易数据被完整记录在区块链上，房产过往交易信息得以被追踪；

·涉及多个部门的同一业务，只需要具有相关权限即可，数据会同步及时送达相关部门；

·信息在国土部、房产局等部门仅需填报一次，群众也只需向综合窗口提交"一套材料"。

区块链作为一种颠覆性技术，除了能够优化不动产登记环节，还能在其他环节发挥作用提升效率。

（1）简化租买房屋前的各项事宜以及降低调查成本。区块链不动产交易平台可以将房产地理位置、房价等细节信息记录在链上，同时，商业地产的参与者可以为房地产开发数字身份，并且将市场参与者的信息和一些特征加入数字身份内，数据真实可靠、不可篡改，极大简化了调查过程，降低了成本。

（2）实现买卖交易透明化。区块链可以将各方交易费用、交易时间等详细信息记录在"智能合约"内，在保证完成所有必需的步骤之后，款项才开始转移、从托管中解除或偿还给银行。通过这种方式，可增加各方信任，加速交易，同时最大限度地降低结算风险。

（3）优化租售之后的资产管理。区块链可以用"智能合约"的形式使财产和现金的管理更容易、透明、有效。同时，合同可以将租金自动支付给房主、物业和其他利益相关者。

（4）帮助开发商做出准确决策。区块链可以让更多有价值的数据连接起来，建立共享数据库，便于参与方记录和检索，从而提高开发商的决策和分析质量。

案例10　陕西数据通

2018 年 4 月，陕西省正式上线基于陕西电子政务 2.0 的全省一体化政务云平台，简称"陕数通"。通过"陕数通"，陕西咸阳将公安、民政、社保、医院、银行等市县镇三级 1 300 多个单位部门涉及的 85 类数据上链，利用沙盒技术，在保障数据安全和权属不变的情况下，实现数据一桥链通、数权不变、融合应用，并成功应用在多个社会民生领域，取得了显著效果。

根据中国电子政务网 2018 年 4 月数据，陕西省在精准扶贫工作中，累计发现问题数据 55 577 条，剔除不符合要求的 320 人，新识别 1 512 人，精准定位贫困户 42 155 户，贫困人口 123 379 人。实现精准脱贫 11 758 户，44 783 人，超额完成年度任务。在健康档案管理领域，建立了 492 万个健康档案，年均采集医疗信息 13 亿条，通过大处方和套保的识别，减少大处方 29%，过度医疗 21%，累计节约医保资金 6 720 万元，减少百姓医疗费用支出 1.21 亿元。[①]

"陕数通"由陕西省大数据集团旗下核心企业未来国际开发，利用了区块链与智能合约的技术特性，融合云、网、数、链、智相关技术，成功搭建了"智链立交桥"，通过机制、流程和技术的创新，建立了数据共享信任体系，消除了部门间的信息壁垒，实现了政务数据畅通交换、合规共享，构建了责权清晰、可信安全的政务服务新模式（见图 2-15）。

---

① 陕西省探索区块链政务应用，85 类数据上线"陕数通"[EB/OL]. [2018-04-23]. https://www.sohu.com/a/229197297_363549.

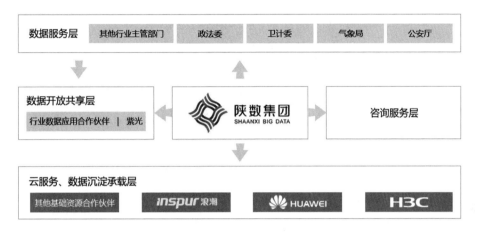

图2-15　陕数通架构图

（资料来源：陕数集团官网[EB/OL]. http://www.snbigdata.cn/.）

政务数据的共享能够在很大程度上提升政府部门效率，方便群众生活。但是，在政务数据共享的实际操作中，会产生政府部门之间信任和数据安全的问题。针对这一现状，"陕数通"结合区块链技术的优势和特征，逐步解决了政务数据共享中的互信和权责问题。在政务数据共享的应用过程中，有三个主要的探索场景：

（1）数据的可用不可见。即使政府部门间可以共享政务数据，但不一定需要分享数据本身，特别是不一定需要分享原始数据，这是一个非常重要的应用场景。

（2）数据的交换。实现数据的共享，但是数据并不落地。这是为了消除各个部门在数据交换过程中的顾虑，虽然有一个集中的数据中心，但是在数据交换过程当中，数据并不会沉淀到这个平台上。

（3）数据的沉淀。数据的沉淀则是数据在数据中心的落地，这将是数据共享交换中更进一步的方式。对于一些不太敏感的数据，不仅要实现数据交换，还要实现数据在数据中心的沉淀和积累。

案例11　浙江74家医院依托区块链实现电子票据流转和医保异地报销

2019 年 6 月，由浙江省财政厅和蚂蚁金服发起，联合浙江省大数据局、卫生健康委、医保局共同打造的全国首个区块链电子票据平台——浙江区块链电子票据平台正式上线，旨在打通用户就医流程优化的最后一公里。该平台利用区块链的分布式记账、多方高效协同优势，助力"最多跑一次"改革，帮助解决市民看病报销的难题。

此前，就医纸质票据存在着看病烦、报销慢、监管难等诸多弊端，给政府民生改善工作造成了极大的挑战。

（1）看病烦：就诊过程中打印票据增加患者排队等待时间，传统票据收纳不便，已成为制约医疗改革的关键瓶颈。

（2）报销慢：传统票据，医保零星报销需要 12 个工作日，医保理赔需要 7～60 天。患者等待时间长，材料反复提交，降低整体报销效率。

（3）监管难：大量的纸质票据给财政监管、医保监管、审计监督等带来了繁重的工作量。

浙江区块链电子票据平台主要依托蚂蚁区块链技术，基于患者隐私保护实现多方安全应用。电子票据由监管财政统一验签后上链，由政府权威机构背书，保证了票源的可靠性和稳定性。通过区块链技术进行流转，解决了票据状态的一致性、患者的隐私保护、多方安全的应用等问题（见图2-16）。

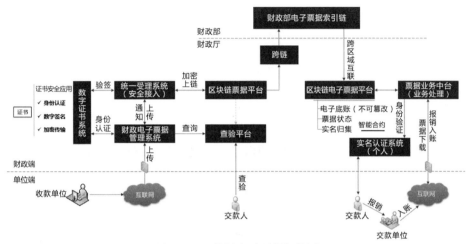

图2-16　区块链电子票据架构图

（图片来源：蚂蚁区块链官网[EB/OL]. https://tech.antfin.com/solutions/digitalbank013.）

患者隐私保护："一票一密、数据不落盘"，做到每张电子票据采用一个唯一的密钥进行加密，数据离开监管财政即加密，除区块链外数据不在任何地方落盘。

状态一致性：开票方和受票方通过智能合约共同维系票据的唯一状态，有效防止财政电子票据重复作废、重复报销或者利用作废票据套取资金等问题的发生。

实名归集：通过患者身份证号码，在区块链上进行实名归集、查看、报销入账等均需要用户实名认证授权应用。

截至2020年1月，根据浙江省财政厅电子票据中心对该平台运行半年数据的披露，浙江省已有507家医疗机构上链，74家公立医院实现省内异地电子票据报销，全省减少开具了一亿张票据。[①] 2020年2月，浙江省财政厅又

---

① 新华社：浙江507家医疗机构已上"链"，实现异地掌上报销[EB/OL]. [2020-01-17]. https://www.chaindd.com/3272522.html.

联合蚂蚁金服上线区块链电子捐赠票据，浙江省的慈善联合总会、妇女儿童基金会、青少年发展基金会、微笑明天慈善基金会、爱心事业基金会首批五家浙江省内公益机构积极响应，完成了相关项目的善款上链、流转过程存证、信息的生态闭环等环节。

——————— 案例12　湖南株洲区块链敏感数据审计平台 ———————

2018 年 5 月，众享比特科技有限公司为湖南株洲市开发了基于区块链技术的数据审计平台。采用区块链技术记录敏感数据操作，形成强审计的业务日志，网格化管理平台和区块链通过 API 接口进行数据交互，具有数据操作日志可溯源、易监控、透明、高效、安全、低成本的优势，解决了现有政府敏感数据审计平台上大量人员和企业的敏感信息管理、黑客攻击、信息泄露以及内部人员泄密的痛点。

政务服务平台涉及大量公民、企业的敏感信息，极易遭受黑客攻击导致信息泄露，甚至存在内部人员泄密等情况。湖南株洲区块链敏感数据审计平台通过区块链记录各业务环节、各岗位对于业务数据库的操作日志，可以追溯到数据记录和流通的各个环节（见图 2-17）。

区块链具有不可篡改、可溯源、数据加密等特点，这为跨级别、跨部门数据的互联互通提供了一个安全可信任的环境，大大降低了电子政务数据共享的安全风险，同时也提高了政府部门的工作效率。区块链技术的改造力具体体现为：

（1）利用数据的可追溯、不可篡改，实现对数据调用行为进行记录，出现数据泄露事件时能够准确追责。

（2）允许政府部门对访问方和访问数据进行自主授权，实现数据加密可控，实时共享。

（3）解决数据孤岛等问题，实现统一平台入口。

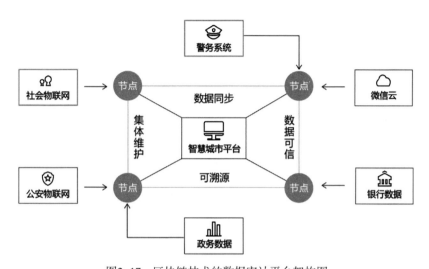

图2-17　区块链技术的数据审计平台架构图

（资料来源：众享比特官网［EB/OL］. http://www.peersafe.cn/.）

案例13　农业银行养老金托管

2018年10月，中国农业银行联合太平养老保险股份有限公司，基于趣链科技的区块链平台Hyperchain，成功建立起北京与上海之间跨物理空间、跨数据机房，完全基于公网环境下的首条养老金领域的联盟链。

在传统的养老金业务流程中，涉及委托人、受托人、账户管理人、托管人、投资管理人五个角色。在传统业务流程中普遍存在以下五个问题：

（1）各参与方机构之间人工处理环节多，造成业务处理效率低下。

（2）主要流程围绕受托人，各业务角色串行处理，造成业务周期长，沟通成本高。

（3）业务信息在机构间传递缺乏安全保障机制。

（4）资金利用率低，受托户资金等待时间较长。

（5）直连成本高，不同机构之间"共识"的差异化造成直连成本上升。

基于区块链技术分布式记账、非对称加密、高效共识同步和不可篡改的特性，趣链科技的区块链平台 Hyperchain 可以打造一个智慧业务协作平台，为业务系统提供接入规范，实现机构间系统便捷互联、信息可信共享，加速数据安全流通，提升业务运作效率（见图 2-18）。

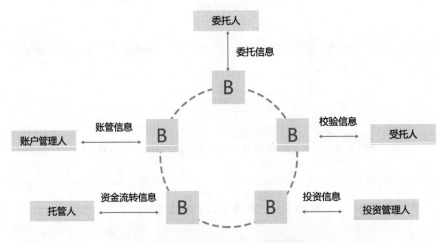

图2-18 区块链养老金托管架构图
（资料来源：根据网络资源整理。）

农业银行以企业年金为突破口，将区块链技术引入养老金业务处理流程中，通过联合太平养老保险公司构建各机构之间的联盟链，将企业年金各个流程信息、业务流程中产生的各类单据和各种指令信息经过签名加密后登记在区块链上，不仅保证了信息传递的安全性和可靠性，也提升了业务处理效率和自动化水平。

缴费业务流程中，数据处理信息基于 Hyperchain 在各参与机构间共享，处理状态由智能合约自动修改完成，通过智能合约完成业务流转与访问权限控制，极大地提升了机构之间的协作效率。

农行通过将企业年金业务全流程信息上链，在账管入账和账管成交汇总缴费投资环节，通过养老金业务各参与机构之间数据共享，强化流程中管理人业务操作衔接，提高并行业务处理能力和处理效率，整个缴费流程的处理时间由原来的 12 天缩短为 3 天。

趣链与农业银行、太平保险、上海保险交易所、长江养老保险合作建设的养老金托管平台具有透明高效、流程自动化、安全可信、提升资金利用率、降低成本等优势，利用区块链技术实现了缴费、估值等业务数据的实时共享同步，最大限度地发挥了并行处理能力，节约了大量业务处理时间，资金到账隔天即可参与投资，大幅度提高了资金利用率。

案例14　江苏中兴通讯政务数据共享平台

2017 年 9 月，中兴通讯在第三届全球 TMF 智慧城市峰会现场推出了基于区块链技术的下一代电子证照共享平台中兴 GoldenChain，旨在为"物联网 + 政务"提供完善可靠的政务信息系统整合共享方案。

GoldenChain 具备数据不可篡改、去中心化、数据加密以及信任传递的特征，创新实现电子证照在全国、全省、全市范围内跨区域的信息归集、快速检索和结果应用。

区别于传统中心化架构的电子证照库，中兴通讯基于区块链的下一代电子证照共享平台 GoldenChain 具有更好的真实性、安全性、稳定性和可行性，解决了传统中心化架构的电子证照库信息采集和应用过程中权责不分的问题，彻底排除了数据被篡改的可能性。区块链的这种互信机制，可以解决跨委办局、跨部门的政务数据可信度问题（见图 2-19）。

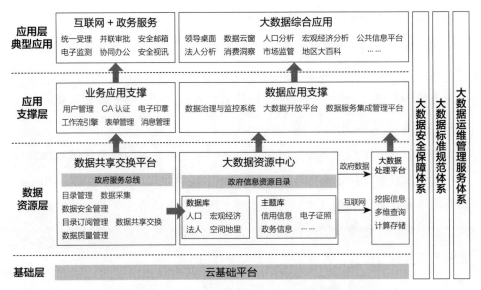

图2-19　中兴政务大数据中心总体架构图

（资料来源：根据中兴通讯官网资料整理[EB/OL].）

　　中兴通讯将区块链中"不可篡改、可信共享、安全可靠、快速检索"等技术特质进行转化，应用于"互联网＋政务"领域，构建政务数据不可伪造、不可篡改，数据记录可追溯的可信平台，促进各委办局之间的互信互认，打破数据壁垒和信息孤岛，从而有效地解决数据共享难的问题，为跨地区跨层级跨部门的业务协同提供了有力的数据支撑。通过智能合约技术完成政务事项的办理，确保办理流程公开透明，新业务快速部署上线，同时保护个人隐私。

　　根据媒体数据，截至2017年年底，中兴通讯GoldenChain区块链解决方案已率先应用于江苏某市居民电子证照业务的办理流程中，政务服务的办事效率得到了极大提升：商品房交易登记由原来的8个环节、往返大厅2～3次，简化至两个环节、往返大厅一次，排一次队即可办理完成；存量房交易登记由原来16个环节，往返大厅5～6次，简化至3个环节，往返大厅一次，排一次队可办理完成。原先向3个部门提交20多份材料，变为向一个窗口提交9份材料。[1] 并在手机客户端开通了购房证明的申请和不动产登记的业务办理，居民可通过 App 一键申请，全流程在线办理，真正实现变"百姓跑路"为"数据跑腿"。随后，中兴通讯政务大数据解决方案已在沈阳、珠海、银川、武昌、仙桃、淮安等政务大数据项目中获得广泛商用。

案例15　北京目录区块链

2019 年 11 月，北京市经信局对外宣布打造"目录区块链"系统，将 53 个部门职责、目录以及数据联结在一起，为数据汇聚共享提供支撑。

通过区块链共识机制，政府数据应用场景服务商、城市数据资产运营商、人工智能数据源服务商九次方大数据公司力求解决多方共赢可信的问题；通过区块链端对端可信对等网络保障数据不可篡改，解决数据产权归属与数据留存问题；通过区块链账本技术和水印技术，解决数据溯源与侵权追踪问题；通过数据加解密技术与黑匣子技术，解决数据使用安全、存留、泄露等问题。

在九次方大数据研发的政府区块链共享平台中，通过区块链账本技术，解决身份认证与信用问题，并通过数据的确权标识，帮助打通"信息孤岛"，实现政务数据实时归集、可信共享、权责清晰，确保数据不可被随意篡改，全程数据流转上链、数据描述和样本上链、数据确权证书上链。建立数据安全云，通过"区块链技术＋数据安全加解密技术＋大数据模型算法技术"，实现科研成果全程记录存储，避免高端科研成果数据流失，并解决数据使用安全问题，达到可用不可见或半可见。

目录链实现了北京市 50 多个委办局（市公安局、市税务局、市医保局等）

---

① 中国数字政务的"CBA"进化模式[EB/OL].〔2017-12-08〕. https://m.sohu.com/a/209264246_609507.

上链，44 000 多条数据项，8 000 多个职责目录，1 900 多个信息系统，2.7 TB 的数据共享，未来会将 16 个区县的信息全部接入（已接入 3 家），打通政府间数据共享管理权限，解决目录不全、目录数据两张皮以及目录被随意变更的问题。目录链为政务人员提供可信、全面的政务数据查询管理，同时通过可信数据共享实现一网通，让数据多跑路，老百姓少跑路。

2020 年 1 月，北京市政府上线以"目录区块链"为基础的"北京通"App 2.0 版本。"北京通"App 2.0 最大的特点是大数据驱动，以及采用了区块链技术。利用区块链理念和技术，在北京市大数据行动计划的指引下，建成了职责为根、目录为干、数据为叶的"目录区块链"系统。目前，北京市除 4 个涉密单位外的 60 个单位 1 000 余个处室都已经上链。根据十五届人大三次会议举办的政务咨询会议报告数据，截至 2020 年 1 月，"北京通"App 下载量突破 500 万，日活量已经达到 8 万左右。[①]

案例16　海南公积金电子存缴证明平台

2018 年 11 月，海南省住房公积金管理局"公积金电子缴存证明"及"公积金联合失信惩戒黑名单"系统正式上线，以区块链技术实现了公积金电子缴存证明及失信黑名单的跨机构、跨地域可信、互信共享。

一直以来，跨机构、跨区域的数据信息共享、真实互信是大部分城市政务服务的痛点。传统的公积金缴存证明往往需要个人到线下办事网点去打印盖章，即使将证明交给其他机构使用时，也很难核验真伪。以异地公积金贷款买房为例，第一步要先到缴存地住房公积金管理中心申请打印缴存证明，

---

① 朱云开. 目录区块链覆盖北京市60个单位[EB/OL]. [2020-01-20]. http://www.egag.org.cn/index.php?m=article&a=index&id=1043.

再拿到贷款地住房公积金管理中心申请办理，两地往来跑腿避免不了；贷款地住房公积金管理中心需要联系缴存地住房公积金管理中心，验证缴存证明真伪还会延长办理周期。此外，在办理与个人信用相关的消费贷款等其他服务时也会面临同样的问题。

2018 年 10 月，蚂蚁金服联手华信永道发布"联合失信惩戒及存缴证明云平台"，海南政府率先借助该平台实现公积金黑名单及存缴证明的跨中心、跨地域共享，这是住房公积金行业第一次采用区块链技术。

基于区块链技术的"公积金电子缴存证明"，是将缴存证明数字化、线上化，可以防篡改、防抵赖、可溯源、可验真，实现机构间使用的可信、互信。海南省公积金缴存人可以通过公积金官网、手机 App、支付宝城市服务查询电子缴存证明，贷款中心等使用机构经个人授权后可查询和验证缴存证明。缴存证明还使用了电子签章、缴存证明编码和二维码等技术手段保证其合法性和验证的便捷性。公积金缴存人不仅实现线上办理，而且大大提高了机构使用的安全性和效率。区块链同时对所有的查询、使用都保留痕迹，充分保障了个人信息的安全，保证不被泄露。

同时，海南省住房公积金管理局在先后出台《失信惩戒管理办法》和"承诺办理制"后，还推出了"公积金联合失信惩戒黑名单云平台"，有效打击骗提、骗贷公积金的不良行为，防范信用风险和操作风险，建立规范的网上业务办理环境。这些措施不仅实现了省内外各公积金管理机构间的失信黑名单共享和联合惩戒，最重要的是实现了黑名单的防篡改、防抵赖、可溯源，数据可信互信。

——— 案例17　蚂蚁区块链助力甘肃远程招投标系统 ———

2020 年年初，新冠肺炎疫情的发展导致全国停工停产，为政府项目招标也带来重重困难。2月，由于大量企业逐步开始复工，各地交易中心（交易）面临巨大压力，国家发展改革委发通知称，要创新做好招投标工作保障经济平稳运行。甘肃省人民政府于是加快推行在线投标、开标、异地评标，利用区块链、云计算等先进技术，有序规范开展公共资源交易活动。

2020年2月14日，蚂蚁区块链积极响应需求，助力甘肃上线"区块链＋远程在线开标系统"，并顺利完成了今年以来第一个项目的远程开标工作（见图2-20）。

图2-20 区块链招投标数据查证图
（图片来源：根据网络资源整理。）

招投标包含招标、投标、开标、评标、中标等环节，涉及多方投标企业与招标单位之间的公开、公平、公正。招投标各环节中的信息不透明、运行不规范、资源不共享等，都是急需解决的问题。传统的招投标方法，要么基于封闭的招标单位全程控制，要么基于招投标交易平台，这些方法均是基于绝对信任。同时，使用传统的方法会导致招投标流程复杂，各环节公开性与公平性难以充分保障，而且数据被篡改、暗箱操作时有发生且行为难以追溯。

甘肃省的"区块链＋远程在线开标系统"能有效解决远程开标中的信任问题，破解加解密容易失败的技术难题，主要包括以下方面。

（1）简化便利的操作，不改变招标投标文件的编制习惯，具有通用性。

（2）远程在线投标，避免书面材料当面提交、现场核验。

（3）不依赖其他业务系统独立运行，可进行快速部署。

（4）基于区块链的开标规则不依赖视频直播主持，可有效减少资源浪费，降低建设成本。

（5）区块链的去中心化，有效保障了文件数据的不可篡改，解决投标人的信任问题。

（6）蚂蚁区块链司法链被最高法院认可，能保障数据文件的合法有效性。

招投标区块链化的主要优势主要体现在以下四个方面。

其一，流程合规，通过区块链智能合约保证了整个招投标流程依法按照既定规则运行，杜绝中心化信息篡改问题，保障招投标人的利益。

其二，多方协同，通过建立区块链，将多主管信息互通，让整个招投标流程的协作过程不用经过多个孤岛信息系统，各方直接参与，提高效率。

其三，成本缩减，通过打破信息孤岛，对主管单位和监管机构进行直接的信息审核、监管，减少现阶段要对多个系统进行监管的核对人员成本和时间成本。

其四，信息透明，通过全程数据上链，一方面公开了招投标全程信息无盲点透明，另一方面便于随时回溯历史招投标信息。同时，历史数据上链，还能够帮助主管和监管机构对招投标主体进行信用评级，以此达到招投标过程中公开、公平、公正、诚实守信。

新冠肺炎疫情期间，防控疫情的同时也要保障国民经济平稳发展，招标投标工作显得十分紧迫与重要。不只是甘肃，"区块链 + 远程在线开标系统"适用于不同场景的招标项目，在保证人员安全健康的情况下，高效实施并完成采购任务，保障特殊期间的招投标工作、采购交易业务等公共资源交易顺利开展。

案例18 浙江区块链公证摇号系统

2019 年 4 月，杭州市互联网公证处与杭州趣链科技就区块链技术与公证服务开展战略合作，并正式上线区块链公证摇号系统，区块链技术应用在杭州顺利从司法审判领域延伸到互联网公证领域。

在如今社会资源受限的情况下，每个人都无可避免地参与到各类摇号中，特别是一二线城市资源紧张，需要摇号才能取得购房买车资格。摇号作为一种资源随机分配的手段，其公平性和公正性也是群众最为关心的问题。

区块链公证摇号平台不仅可以将摇号业务线上化，同时，通过区块链的可信机制规避了信息不可靠、摇号算法和数据信息易被攻击篡改的风险。有效降低人为的干扰，提高摇号项目的公信力（见图 2-21）。

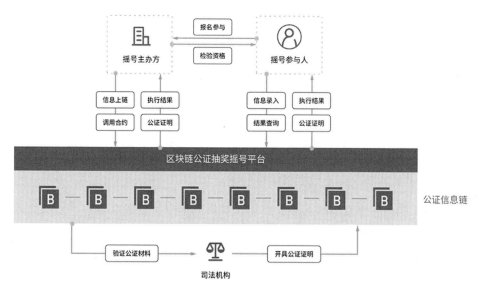

图2-21　区块链公证抽奖摇号平台架构图
（资料来源：根据趣链科技官网资料整理。）

私家车牌摇号、买房摇号、入学摇号等政策颁布以来，摇号的公正性一直是公众最为关注的问题。"人为干预""内定""造假"等事件和社会的质疑一直存在，导致公众的认可度和信任度不断降低，摇号政策的公信力也随之下降。

区块链的介入使公众对摇号的政府信用背书转变为技术信用背书，通过智能合约保障摇号的公平性和公正性，通过节点共识保障摇号结果真实不可篡改。区块链技术解决了公证流程现存的难题，安全加密、不可逆、不可篡改、可溯源的特性与公证业务天然契合。运用了区块链技术的全新摇号系统，将摇号规则和相关参与者的信息上链，一旦有人在摇号中作弊，根据区块链可追溯的特性可直接定位作弊人，减少了人为操控的可能。同时针对摇号活动中的暗箱操作问题，区块链技术的应用可以使摇号过程公开透明，参与摇号的用户还能验证自己的摇号结果。

区块链摇号系统作为数据存证的一部分，让电子数据不可篡改成为可能。通过区块链实现数据的可信存储，结合基于数据多级加密和多维权限控制技术，解决电子数据易伪造、易篡改、难溯源、难校验的问题，联合共建区块链可信生态联盟。

（1）提高数据公信力。基于区块链不可篡改的技术特征，多家权威机构参与节点共识，解决存证数据可信度问题。

（2）灵活适应各应用场景。提供基础区块链可信存储能力，可构建各类存证场景应用，扩展性极强。

（3）可信联盟。建立信用体系联盟，实现"数字存证+"的存证、合作、共赢新生态。

趣链科技官网数据显示，趣链科技与杭州互联网公证处合作建设的区块链摇号抽奖平台在上线一周内承接了天猫精灵、中国移动、万科车位等多个公证摇号抽奖业务，已累计服务超 2 亿人次。

六、场景 4：区块链与司法

（一）司法领域的挑战与机遇

随着数字经济的高速发展，体现在司法实践中，证据的种类正逐步从物证时代进入到电子证据时代。电子证据主要呈现出四个特点：数量多、增长快、占比高、种类广。依托互联网审判平台，互联网法院对电子证据特别重视。而在日益增多的涉网案件审判中，电子存证的作用和意义逐渐凸显出来。

我国第一次将电子数据作为法定证据是在 2012 年修订的《中华人民共和国民事诉讼法》和《中华人民共和国刑事诉讼法》中予以明确规定（具体见《中华人民共和国民事诉讼法》第六十三条、《中华人民共和国刑事诉讼法》第五十条），此后相关的电子证据使用规范或制度等相继出台。

司法实践中，对电子证据的使用仍面临着诸多认定难题，主要表现为：第一，电子证据容易被篡改；第二，在取证时，电子证据和相关设备如果发生分离，电子证据的效力会降低；第三，在出示证据时，需要将电子证据打印出来转化为书证，这种操作不但可能破坏电子数据的内容，同时司法认定成本也较高；第四，在举证时，由于其易篡改性的特点，往往会出现双方电子数据内容不一致的情况，导致法院对电子证据的真实性、关联性、合法性进行认定变得很困难。

（二）区块链技术如何赋能司法

如上所述，电子证据效力的认定在司法实践中存在许多问题，而区块链技术的应用可以有效解决此类问题。区块链应用于电子证据的特点可以总结为四点：防止篡改、事中留痕、事后审计、安全防护，能够提高电子证据的可信度和真实性。

2018 年 9 月 7 日，最高人民法院出台的《关于互联网法院审理案件若干问题的规定》指出："可以用区块链来解决电子证据的存证问题，对使用新技术解决司法行业痛点表示支持。"

通过在电子证据的获取和保存过程中应用区块链存证，可以有效、完整地向法庭呈现电子证据形成的全过程：一是在存证环节，区块链可以提供规范的数据存储格式、原数据的保障、安全存储以及可追溯，提高证据的真实性；二是在取证环节，区块链给司法带来的价值在于数据经由参与节点共识，独立存储、互为备份，可用来辅助电子证据的真实性认定；三是在示证环节，可采用智能合约、区块链浏览器示证，以提高电子证据的合法性和真实性；四是在质证环节，区块链可以固化取证和示证这两个环节，全流程可追溯，增强电子证据的合法性认定。

（三）区块链 + 司法案例

────── 案例19 杭州互联网法院司法区块链 ──────

2017 年 8 月，国内第一家集中审理涉网案件的试点法院——杭州互联网法院成立。2018 年 9 月，杭州互联网法院宣布司法区块链正式上线运行，旨在使电子数据的生成、存储、传播和使用的全流程可信。这是全国首家应用区块链技术定纷止争的法院。

杭州互联网法院司法区块链由三层结构组成（见图 2-22）。

（1）区块链程序：用户可以直接通过程序将操作行为全流程地记录于区块链。例如，在线提交电子合同、维权过程、服务流程明细等电子证据。

（2）区块链的全链路能力层：主要是提供了实名认证、电子签名、时间戳、数据存证等区块链全流程的可信服务。

（3）司法联盟层：使用区块链技术将公证处、CA／RA 机构、司法鉴定中心以及法院连接在一起的联盟链，每个单位成为链上节点。

图2-22　杭州互联网法院司法区块链架构及流程

（资料来源：根据网络资源整理。）

在互联网纠纷处理中，电子数据在生成时仍面临着证据分散、证据缺失和丢失、存储在侵权者设备里的证据可能被伪造或篡改、电子证据的时间被机器重置失去法律效力等问题，这都将导致起诉人无法维护自身的正当权益。电子证据生成一直是涉网审判的一个难点。

区块链可追溯、不可篡改和多个节点共同维护的特性是这一难点的最佳技术解决方案。通过杭州互联网法院司法区块链，可以从时间、地点、人物、事前、事中、事后六个维度解决数据生成的认证问题，真正实现电子数据的全流程记录，全链路可信、全节点见证。根据中国法院网数据，截至2019年

10 月 22 日，杭州互联网法院存证总量突破 19.8 亿条。[①]

2019 年 10 月，杭州互联网法院再次优化升级，上线区块链智能合约司法应用。区块链智能合约司法应用通过区块链打造网络行为"自愿签约—自动履行—履行不能智能立案—智能审判—智能执行"的全流程闭环，以此减少人为因素和不可控因素的干扰，重新构建了互联网时代下的合约签署和履行形态。

在传统的合同履行过程中，合同签订后若一方违约，另一方需要花费大量时间和精力去搜证维权，维权周期长、成本高。区块链智能合约则是把合同的条款编制成一套计算机代码，在交易各方签署后自动运行，实现智能立案、智能审批、智能执行。

（1）智能立案：系统将对电子合同、代码内容、合约执行的进度进行核验，符合立案条件则进入司法程序。

（2）智能审判：系统自动提取案件的风控点，辅助生成包含判决主文的裁判文书。

（3）智能执行：系统协同相关机构在线对被执行人的银行存款、房屋、车辆、证券等财产进行查控，失信被执行人将被自动纳入司法链信用惩戒黑名单。

司法区块链智能合约具有可信、多节点参与、高效、安全的显著优势，形成了嵌套部署、信用奖惩、多方协同、司法救济为一体的集合化功能体系。杭州市互联网法院已经在网络购物和互联网金融领域开始了智能合约的应用。

---

① 余建华，吴巍，张名扬. 杭州互联网法院区块链智能合约司法应用上线. 存证量超过19亿条[EB/OL]. [2019-10-25]. https://www.chinacourt.org/article/detail/2019/10/id/4591024.shtml.

案例20　广州互联网法院

2018年9月，中国第三家互联网法院——广州互联网法院正式挂牌成立。2019年2月，广州互联网法院正式上线司法区块链平台，以此解决电子证据取证难题。同年3月底，其智慧信用生态系统"网通法链"也正式上线，该系统联合三大电信运营商、30多家大型互联网企业，以区块链技术为基础，坚持"生态系统"理念，打造"一链两平台"新一代智慧信用生态体系。

"网通法链"突破了现有的节点管理模式，着力构建开放中立的数据存储基地、公正高效的互联网审判证据规则、共治共享的互联网信用生态坐标，为解决数据信息接入、电子证据调取和存储、诉源治理探索广州经验。

在"网通法链"系统建设中，"司法区块链"依托智慧司法政务云，联合法院、检察院、仲裁机构、公证机构等多个主体，集聚中国电信广州分公司、中国移动广州分公司、中国联通广州分公司及阿里巴巴、腾讯、华为等30家单位，为智慧信用生态系统提供区块链技术支撑。"可信电子证据平台"以规则制定为抓手，严格管理规范、技术要求、安全标准、存证格式，为当事人提交电子合同、维权过程、服务流程明细等证据线索"一键调证"提供支持。"司法信用共治平台"则围绕从源头减少审判执行增量，着力打造诉源治理"广州方案"。

区块链分布式、不可篡改、透明性和可追溯性的特性已经广泛应用于保险、证券等行业领域，但是在司法领域的探索还处于初期阶段。为了保障司法数据的存储开放中立、安全可信，广州互联网法院联合广州市中级人民法院、检察院、知识产权法院、铁路运输中级法院、仲裁委员会等司法单位组建司法区块链，引导电信运营商、金融机构和企业跨领域开发自有链，实现多方监管，共同治理。平台通过统一存证接口，固化电子数据摘要值及生成时间，并通过"二次加密"的形式，严格管理和监控底层多条区块链运行情况。

根据《人民日报》的报道，该系统试运行一周内，"网通法链"存证数量已达 261 315 条，其中涉及互联网金融类证据材料 124 310 条；网络购物、网络服务类证据材料 108 172 条；网络著作权类证据材料 28 817 条。[①]

截至 2019 年 9 月 28 日，广州互联网法院一年审结了 2.7 万起来自全国的诉讼，平均庭审时长 25 分钟，25 名员额法官人均结案 1 118 件。[②]

广州互联网法院挂牌成立一年来，平台访问量达 986.6 万人次，注册用户数 21 万余人，接受网上咨询 10.1 万人次，可信电子证据平台存证数近 24 633 180 条，庭审平均时长 25 分钟，案件审理周期 36 天，分别比传统审理模式节约约 3/5 和 2/3 的时间。[③]

—————————— 案例21　百度 XuperFair ——————————

在 2019 年 5 月 28 日中国国际大数据产业博览会现场，百度首次发布了其区块链品牌 Xuper，包括自研底层技术 XuperChain、司法解决方案 XuperFair、知识产权解决方案 XuperIPR、数据协同解决方案 XuperData、边缘计算解决方案 XuperEdge、开放平台 XuperEngine 六大核心产品。

在司法政务应用中，百度落地 XuperFair 司法解决方案，以法院、公证处、

①　贺林平. 广州互联网法院正式运行"网通法链"系统[EB/OL]. [2019-04-01]. http://ziyuan.haiwainet.cn/n/2019/0401/c3543599-31527534.html.

②　尚黎阳，洪奕宜. 广州互联网法院挂牌一周年　员额法官人均结案量居全国第一[EB/OL]. [2019-09-29]. http://legal.people.com.cn/n1/2019/0929/c42510-31379069.html.

③　李陵波，吴笋林，黎湛均. 为网络空间治理法治化贡献广州智慧[EB/OL]. [2019-09-28]. http://www.gzcourt.org.cn/xwzx/zfyw/2019/09/30111519547.html.

司法鉴定中心等为节点构建了区块链法院联盟体系，实现数据从生成、存储、传输到最终提交的整个环节真实可信，并具有法律效力。XuperFair 司法解决方案，可以有效优化司法存证和司法鉴定上的流程，打造高效、可信的司法生态，共建司法联盟体系。

1. 司法存证

利用区块链永久保存、不可篡改的特性，固化保存电子数据，并作为电子证据对接到互联网法院，辅助法官取证及验证。

2. 司法鉴定

由权威司法鉴定机构线上完成电子证据的调取、审查、核实与鉴定，专业出具司法鉴定文书，可作为高证明力电子证据（见图 2-23）。

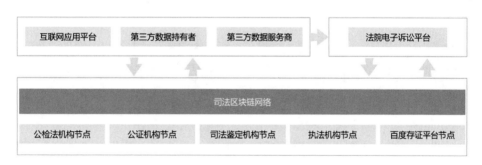

1. 区块链程序：用户可以直接通过程序将操作行为全流程记录于区块链，比如在线提交版权登记、取证过程等电子证据；

2. 区块链全链路能力：提供实名认证、电子签名、时间戳、数据存证及区块链全流程可信服务；

3. 司法联盟链：使用区块链技术将公证处、CA、司法鉴定中心及法院连接在一起的联盟链，每个单位成为链上节点。

图2-23　百度XuperFair网络架构

（资料来源：百度超级链官网[EB/OL]. https://xuperchain.baidu.com/n/solution/judicial.）

百度 XuperFair 利用区块链防篡改、安全的优势，把电子数据变成电子证据，以此规范数据经济中产权认定等问题。其主要有以下优势。

（1）安全：支持市面主流的 ECC、国密等算法，保障数据隐私；链上实现可插拔机制，防止数据被篡改。

（2）易用：引入通用、符合规范、可扩展的 SDK，配合简洁实用文档，打造适配易用的存证服务系统。

（3）专业：提供开发者社区及完备的开发工具，资深研发人员一对一对接，提供全流程技术响应与支持。

联盟节点主要包括执法机构、公证机构、行政监督机构、司法鉴定机构、公检法机构、监管科技应用、法律科技应用、企业社会组织等。主要应用场景包括法院、司法鉴定机构、公证机构、监管机构（见图 2-24）。

法院	司法鉴定机构	公正机构	监管机构
存证数据加密存储在司法联盟网络，一键调取，辅助法官取证及验证	线上完成对电子证据的调取、审查与认定，鉴定结果实时传输至司法联盟网络	由公证处在线调取电子证据，完成审查与认定，出具公证结果实时传输至司法联盟网络	检察院等司法机构共同对链上存证数据进行实时监督，保证数据行为透明可追溯

图2-24　百度XuperFair主要应用场景

目前，百度已与北京互联网法院、工信部安全中心等共建区块链电子证据平台"天平链"，与广州互联网法院、广州市法院、市检察院等联合共建"网通法链"系统，辅助法官进行采证取信，缩短合作伙伴案件审理周期。

—————————— 案例22　广州仲裁链 ——————————

2017年10月由微众银行联合广州仲裁委、杭州亦笔科技三方基于区块链技术搭建的"仲裁链"正式上线运行；2018年2月，广州仲裁委基于"仲裁链"开出了业内首份裁决书，标志着区块链应用在司法领域的真正落地并完成价值验证。

"仲裁链"是利用分布式数据存储、加密算法等技术对交易数据共识签名后上链，实时保全的数据通过智能合约形成证据链，满足证据真实性、合法性、关联性的要求，实现证据及审判的标准化。当业务发生时，用户的身份验证结果和作为业务操作证据的哈希值均记录到区块链上。当需要仲裁时，后台人员只需点击一个按键，相应的证据便会传输至仲裁机构的仲裁平台上。仲裁机构收到数据后与区块链节点存储数据进行校验，确认证据真实、合法有效后，依据网络仲裁规则依法裁决并出具仲裁裁决书。从"仲裁链"的运作流程来看，仲裁机构可借此参与到存证业务过程中来，一起共识、实时见证，一旦发生纠纷，经核实签名的存证数据可视为直接证据（见图2-25）。

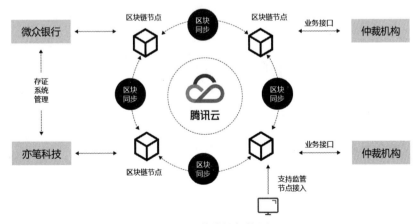

图2-25　仲裁链架构图

（资料来源：根据网络资源整理。）

线上仲裁存证主要包括存证、取证、核证三部分。

在发起存证前，需部署存证初始条件智能合约，约定存证生效所需条件（在这里就是微众银行、仲裁机构、存证机构的签名）。

（1）存证：业务数据经微众银行存证系统签名后发起上链，上链成功后通知存证机构及仲裁机构对数据签名确认。存证机构及仲裁机构收到通知后，读取链上数据进行核实后完成签名，至此整个存证流程完成。在整个存证流程中，由智能合约保证，任何一方都不能更改已存证的数据，只能追加存证数据。同时，存证系统准实时异步上链，对正常的业务逻辑无影响。

（2）取证：当有取证需求时，微众银行从"仲裁链"选择数据后，提交仲裁机构。仲裁机构对微众银行提供的数据进行解析，获取到区块链相关地址信息，通过地址调取链上数据。

（3）核证：区块链核证指的是仲裁机构在取证后，调用 SDK 相关接口，判断存证是否满足存证生效的初始条件。

在这个证据链中，机构在链外生成和验证证据的明文确保证据的有效性；证据摘要则选择上链，机构并行对数据进行签名，对证据进行见证；并且，区块链系统将通过实用拜占庭容错算法（PBFT）共识机制达成数据一致性和确定性。

此次仲裁实践，证实了通过区块链分布式存储、加密算法等方式，为司法提供真实透明、可追溯的实时保全数据的做法行之有效。同时，展示了区块链在精简仲裁流程、节省各参与方成本上的巨大价值，也为司法机构应对日益增长的仲裁诉求，提供了高效可行的新方向。

七、场景 5：区块链与身份管理

（一）身份管理的痛点与挑战

政府的一个重要职能是保存和维护个人、组织和活动的关键信息和身份数据，如出生信息、婚姻状况、财产转移、犯罪活动信息等。政府做的大部分工作是大规模集中化的，但是由于数据经常分布在不同部门的不同系统中，管理这些数据十分复杂。信息化只解决了效率问题，在数据的管理模式上还非常落后。

首先是信息不对称问题。各个部门无法获得相同的信息，或者需要重复获得信息授权，因而带来公共资源和时间的巨大浪费。证明"你妈是你妈"的案例并不是笑谈，这也是最令群众头疼的"循环证明"：群众想开 A 证明，必须先有 B 证明；而想开 B 证明，又要先有 A 证明。这类问题的本质，是 A、B 单位之间数据未能互通，且双方都不想在没有证据的情况下承担责任。

其次是越来越多的黑客攻击增加了公共部门数据管理的安全风险。现在政府部门信息系统普遍采用的管理模式是，各个下属部门的信息统一汇报至政府主管部门，主管部门有权调用下属部门的任何信息。在这样一种模式之下，黑客想要攻击某个信息系统，只需要攻破中心路由就可以了。一旦黑客攻击成功，这一中心路由下存储的信息就有可能全部被泄露、损坏甚至被恶意篡改。

（二）区块链技术如何帮助政府进行身份管理

区块链数字身份可以改变现有政府数据的管理方式，从单一所有者拥有信息转变为整个记录周期中可以共享，在加密保护的分布式平台上安全运行。区块链数字身份虽然带有去中心化的特性，但其并不意味着完全替代原有的中心化机构，而是可以促进各行各业中心化机构之间达成共识，同时还可以解决用户隐私的保密性问题，有助于达成公民之间、公民与政府之间良好的合作秩序，推动政府治理和公共模式创新。

在公共服务领域，区块链数字身份应用主要围绕三个类型开展：身份验证、鉴证确权、共享信息。在身份验证应用中，身份证、护照、驾照、出生医学证明等公民身份证明都可以存储在区块链账本中，公民将这些数字身份在线存储，不需要任何物理签名，就可以在线处理烦琐的流程，随时掌握这些文件的使用权限。

对于政府来说，区块链数字身份将是全新的底层基础设施，有助于打通机构内部以及机构之间的信息壁垒，实现互通共享、实时同步，减少协同中的摩擦，同时也意味着从数据管理流程的优化到治理思维的一系列转变。

（三）区块链＋身份管理案例

—————— 案例23　瑞士数字身份 ——————

瑞士的数字创新化在世界范围内处于领先地位。领土不足 5 万平方公里，人口只有 800 多万的瑞士，不仅拥有数以百计的跨国企业、科技公司和金融机构，还拥有世界领先的基础设施、高素质的劳动力以及世界上权力最分散、稳定和中立的政治制度。其中，位于瑞士中北部的小城楚格（Zug）被誉为"加密谷"，是加密货币和区块链专家、投资者以及狂热爱好者的聚集地和信息交流中心之一。

2017 年 11 月，瑞士楚格市宣布为本市所有 30 000 名公民提供基于区块链的数字身份证。这种数字身份服务通过一个新的应用程序，将个人身份信息与一个特殊的加密地址相连，当地居民需要进行注册并且获得由市政府官员进行的验证。通过验证后，公民将可以使用城市服务的一些应用程序，包括收费、电子签名等。

1. 楚格 eID 技术原理

楚格的数字身份（eID）由以下三部分组成。

（1）数字保险库。它是移动应用程序的一部分，包含加密的实际数字 ID，它可以由所有者进行生物测定或使用 PIN 码解锁。

（2）有瑞士根源的以太坊区块链。在以太坊区块链上，应用程序为其持有者创建一个唯一的加密地址。

（3）政府官员使用的认证门户，该官员负责检查申请人是否为楚格居民。

确认申请人的姓名、地址、出生日期、国籍、护照号码或身份证号码后，楚格市政府对这些数据进行数字签名，签名作为证书存储在公民的数字保险库中。由于城市的公钥可以从以太坊区块链公开获得，任何从其持有者处获得 eID 的人都可以轻松验证其真实性。

uPort 实现该方案的方式如下：先在以太坊区块链上创建用户的控制器合同。例如，如果用户丢失手机，则允许用户可以重新获得对其数字身份的访问权限。控制器合同是身份合同的实际所有者，这是区块链上的另一个智能合约。

成功进行居住检查后，楚格市会签署用户的身份合同，供任何人在互联网上查看和验证。

因为所有个人数据不是集中存储在楚格市数据中心的服务器上或公布在

互联网上，而是经过加密仅仅存储在个人移动电话上，所以公民可以完全控制要发布的信息和向谁发送信息。

2. 区块链 + 数字身份项目的效果

楚格市正在评估将在这种新的身份基础设施基础上构建的几个具体的应用程序。

例如，可以访问城市的所有在线服务、自行车租赁、停车场、从图书馆借书以及收取其他费用。这个想法是将使公民的生活更轻松地小规模简化，比如能够在没有图书证的情况下借书或不需要押金租用自行车。

随着时间的推移，楚格市将开发更复杂的应用程序。第三方也可以使用 eID，如租房。2018 年 7 月，楚格区块链投票应用正式进行测试。楚格市选民可以通过 eID 进入该系统，所有其他符合资格的选民将能够在试验期建立他们自己的账户。

区块链与去中心化技术将如何影响世界现在还难以预计。楚格可以算是一个缩影，因为它展示了区块链在商界、社会与政府联动共存的潜在效果。作为城市数字战略的一部分，楚格市每个部门现在正在研究其自身责任范围的可能性应用。数字化和电子政务将成为楚格市议会的核心主题。

────────── **案例24　佛山禅城IMI数字身份平台** ──────────

2017 年 6 月，佛山市禅城区政府联合北京世纪互联宽带数据中心有限公司举办了"智信城市与区块链创新应用（禅城）"发布会，正式发布基于区块链技术的 IMI 身份认证平台，旨在解决禅城公证服务的痛点，禅城成为全国首个探索区块链政务应用的县区。

IMI 身份认证平台是个人数字身份认证体系，全面解决目前网上或自助办事时所面临的人员真实身份的确认问题，实现了用 IMI 身份认证平台就如本人亲临的效果。市民通过 IMI 身份认证平台扫描码登录，即可取得佛山市民网的实名认证服务权限，可享受社保个人账单推送及查询、公积金查询、交通违章查询、水电燃气费查询、预约挂号、网上办事、实名政民互动等服务。

区块链技术分布式存储、可追溯、不可篡改、非对称加密和自维护等特性，为市民的真实信用身份及信用体系建设提供了坚实的技术保障。IMI 数字身份平台对市民进行身份认证，解决虚拟世界人员真实身份的确认问题，将互联、互通、互信的数字身份应用于各类征信场景和社会信用体系建设中。该平台推出的"我是我"个人数字信用身份认证体系，以实名认证为基础，将区块链技术与场景应用深度融合，以自然人和法人的真实数字身份（IMI）为核心入口。依托于区块链底层技术、基于可信数字空间构建真实的自然人和法人信息。IMI 数字身份平台有效解决了大数据系统中数据主权与边界不明确的问题、数据流动与业务流程不紧密的问题、数据安全与等级保护不落实的问题等。

在此基础上，与基于区块链技术开发的 IMI 身份认证平台相结合，禅城致力构建"个人数据空间"。该空间以个人主体为对象，围绕数据、业务、安全三个维度，构建个人主体相关数据及其关系的数据集合。"个人数据空间"能够提供高效的个人数据资产管理能力、严密的核心数据安全能力，标准的多态数据共享能力，具有推动社会公共服务精准化、均等化、可控化的作用。

佛山禅城 IMI 数字身份系统为当地政府和 130 多万居民提供了可信身份数据认证接口，并在公证业务、公共服务、社区矫正、电子政务四大领域取得显著成果。截至 2018 年，其"一站式"服务累计完成业务 600 多万件，群众满意度 99.96%，被评为"全国创新社会治理最佳案例""中国'互联网 + 政务'优秀实践案例"。①

案例25 eID可信身份链

eID 可信身份链是采用区块链的新一代电子认证技术，通过将身份证件、eID 公安部公民网络身份识别系统、生物识别技术整合起来，形成一个开放稳定、安全可信的区块链网络，提供多元、多方、分等级、保障隐私的链上联合身份认证服务。

eID 数字身份是由"公安部公民网络身份识别系统"以公民身份证号码为依据，基于密码算法签发给中国公民的数字标记。"公安部公民网络身份识别系统"由公安部第三研究所建立，旨在满足虚拟社会管理、保护公民个人隐私及网络安全的需求。自投入运行 9 年来，已形成了 1 亿张 eID 的全生命周期管理。

在实现身份信息数据化后，为了让 eID 更好地为居民提供服务，可信身份链应运而生。可信身份链是将 eID 与区块链相结合的创新应用，采用区块链技术来增加 eID 的服务形式、扩大 eID 的服务范围、提高 eID 的服务能力，为各类应用系统提供有等级、分布式、防篡改、防抵赖、抗攻击、抗勾结、高容错、安全高效、形式多样、保护隐私的可信身份认证服务，将身份认证服务从单点在线服务向联合在线服务推进。

在传统身份证认证中，主要采用身份证件，并以线下的方式进行身份认证，属于电子认证 1.0 阶段；在 eID 中采用中心化数字认证技术，其特点是线上单

---

① 刘泰山. 人民日报：广东省佛山市禅城区上线身份认证平台[EB/OL]. [2018-01-24]. http://fssf.foshan.gov.cn/xwbd/mtbd/content/post_15920.html.

点身份认证，属于电子认证 2.0 阶段；而数字身份链采用区块链数字认证技术，实现线上联合身份认证，是可承载数字时代的电子认证服务网络平台。

　　中国公安部第三研究所与北京公易联科技有限公司研发的 eID 数字身份链的出现，扩大了 eID 的服务范围，提高了 eID 的服务能力，为各类应用系统提供数字身份信息存证及公民身份信息隐私保护等相关服务，运用区块链等技术使中国数字身份服务逐步实现从单点在线服务向多点服务迈进，推动中国数字身份服务实现再次跨越，是中国数字身份系统技术发展的里程碑。

　　eID 可信身份链应用场景如图 2-26 所示。

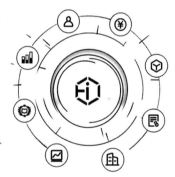

链上证书
证书持有者认证、证书真伪认证

数字中国
助力培育新动能新发展

数字公民
享受安全便捷的数字生活

数字经济
数字化治理、数字化转型

基本应用
身份证明、声誉证明、资产保管、支付记账、数据存证、数据共享

电子政务
社保、税务、房管、学籍、法律

企业服务
人力资源、财务管理、设备管理、资料管理

行业服务
食品、药品、医疗、版权、交通、金融、公益

图2-26　应用场景示例

（资料来源：根据网络资源整理。）

　　麦肯锡全球研究所曾表示，数字身份系统若能广泛应用，将会大大增加全球范围内具有经济潜力的人群获得金融服务的机会，并在防止身份欺诈、减少投票或注册企业所需时间等方面提升效率，从而助推经济发展。到2030年，发达国家可以释放的经济价值为 GDP 的 3%，发展中国家则为 6%。以 eID 数字身份链为代表的数字身份系统的推广将具有巨大社会经济价值。[①]

---

① 麦肯锡预测，2030年"数字身份"的良好应用将会带来3%~6%的经济价值[EB/OL]. [2019-03-28]. https://www.sohu.com/a/304386595_99908435.

—————— 案例26　区块链数字身份联盟ID2020 ——————

据联合国统计，如今全球范围内依然有 11 亿人身份无法确认，这些人不能参与政治、经济和社会生活，无法获得相应的福利和服务。此外，根据世界银行的消息，由于身份信息缺失，也导致了人口贩卖等问题的出现。通过区块链技术开发的加密安全的数字身份系统，为应对这一挑战提供了巨大的机会。政府和非政府组织（NGO）可以使用数字身份来提供各种公民服务，消除证书伪造和身份盗用。

ID2020 是一个隶属于联合国的组织，旨在为没有官方身份证明的人提供身份证明。本质上，ID2020 使用的是区块链技术来提供全球身份认证——它的系统允许注册用户控制他们的个人数据，共享访问权限和适当的信息，而不用担心被盗用或丢失纸质文档。区块链实现了系统安全性并促进了可信的交易，允许使用数字 ID 的人授权广泛的社会活动，包括教育、医疗、投票、住房和其他社会福利。ID2020 项目的主要目的在于帮助人们确定身份，帮助个人和难民获得基本服务，包括在新居住地上获得医疗保健和教育服务。同时也将传统的纸质出生证明和教育证书数字化。该数字身份系统本质上就是使用认证信息在电脑上认证用户，不再需要实际的人工审核。

2017 年，埃森哲与微软共同开发支持 ID2020 项目的区块链解决方案。对于缺乏官方身份证明的人，埃森哲利用其独有的身份服务平台（Unique Identity Service Platform）为可管理指纹、虹膜等数据的生物识别系统（Biometric Identity Management System）提供支持。该系统已经收录了来自亚洲、非洲及加勒比等地 29 个国家 130 万难民的信息，预计到 2020 年能够实现为来自 75 个国家的 700 万难民提供支持。

此外，埃森哲与微软联合创建的 IT 咨询公司 Avanade 开发出基于区块链技术的身份原型（Identity Prototype），这种分布式数据库系统可以让多方在高度安全和互信的情况下访问统一数据。该原型旨在与现有的身份系统进行相互操作，使个人身份信息免于"脱钩"（Off Chain），并在微软的云计算平台 Azure 上运营。

截至目前，微软、Hyperledger、埃森哲以及来自全球的人道主义援助、慈善组织已成为 ID2020 的会员。

八、场景 6：区块链与政府应急管理

（一）政府应急管理现状

政府应急管理是指政府机构在突发事件的事前预防、事发应对、事中处置和善后管理过程中，通过建立必要的应对机制，采取一系列必要措施，保障公众生命财产安全、促进社会和谐健康发展的有关活动。

众所周知，应急管理肩负着保障公众生命健康、维护社会安全稳定的重要职责，但同时也面临着涉及范围广、突发因素多、需求复杂等诸多困难，重大灾害的救援是一个"巨复杂系统"，灾害发生后的受灾人员、政府、企业、志愿者都参与救援，大量人员、物资如何有效调配是应急管理的关键。

如何使应急管理工作更加专业化、规范化，如何使非应急管理工作更加灵活化和普世化，帮助各个国家和地区提升常态与非常态下的应急管理能力，最大限度地减少各种灾害及其造成的损失，应对社会大众日常生活中遇到的各种困扰和挑战，是全世界各个国家政府、社会各界、社区和公众面临的共同挑战。

（二）区块链如何赋能政府应急管理

作为一种新应用模式，区块链具有分布式数据存储、点对点传输、共识机制、加密算法等计算机技术的优势，提供了一个可以让多方来参与维护的、一致的、可共享但不可篡改的分布式数据库，增强了透明度、安全性和效率。

区块链技术是去中心化的技术，而灾难发生也是无中心的事件，去中心化的区块链技术结合无中心的灾难事件，应用于中心化的应急管理工作，可以大大提高效率。

首先，区块链智能合约实现灾害快速响应。灾难发生后信息后要报到政府，通过政府来调动物资和资源，参与抢险救援。区块链智能合约技术可以实现灾害信息的快速响应，从而提供点对点的服务，使物资、人员得到合理调配，提高应急管理效率。

其次，区块链金融、区块链物流避免救灾费用、物资统计杂乱有误。救援往往是不计成本地投入大量装备、资源、物资，但真正需要多少、用了多少、用在哪里却难以统计，因此容易形成"糊涂账"。区块链具有不可篡改的属性，可以保证救灾费用、物资等的数据真实可信；区块链物流技术可以追踪物资流向，有效调配跟踪资源；区块链金融技术可以解决灾害救援资金的结算问题。

简而言之，区块链技术透明、可验证以及去中心化的特点，与现有的应急指挥信息系统（EmerInfo System）结合，可以广泛应用于分布式无中心的各级各类突发事件的应急管理，及社区日常非紧急事件服务管理工作，在人人参与、人人尽责、人人共享服务的常态与非常态应急管理流程中，提供可信的去中心化的低成本交易与服务的技术保证。

（三）区块链 + 政府应急管理案例

————　案例27　支付宝区块链防疫物资信息服务平台　————

2020年年初，一场突如其来的新型冠状病毒肺炎疫情席卷中国，并很快遍布世界各地。春节期间本应充满团聚和欢乐的节日气氛，然而随着确诊人数的持续上升，越来越多的人陷入了恐慌和焦虑之中。

随着中央和各级政府的快速响应，公共卫生管理机构和慈善组织纷纷入场，全国上下众志成城展现出了抗击疫情的勇气和决心。但是目前公共卫生管理和慈善管理的相关机制效率低下，引起了社会各方的广泛关注。提起红十字会"郭美美事件"，相信大家并不陌生，此次在武汉抗疫战役中，又出现了湖北省红十字会事件，红十字会又一次遭受信任危机，公信力不断下降。

在疫情肆虐之际，湖北省红十字会在接收和分配捐赠款物时不力，导致武汉抗击病毒的一线医院物资不足而引发众怒。同时，根据其网上公布的物资使用情况，仍有近千万的物资去向不明。公开、透明是慈善的根基，否则慈善机构得不到公众的信任，慈善将成为空谈。而区块链作为能够实现数据公开透明、保证数据不可篡改的技术，可以让多方参与，有效解决慈善透明的问题。目前，国内外已经有多地政府将区块链技术应用到扶贫和慈善中，效果显著。

得益于去中心化、公开透明、信息可追溯等技术特点，各地的抗疫行动中，区块链在慈善捐赠、物资流转、疫情防控等方面发挥了重要作用。

2020年2月7日，支付宝宣布上线了基于区块链技术的防疫物资信息服务平台（见图2-27），公众在该平台"物资需求"板块中可以进行查询。基于区块链技术的平台不仅为抗疫物资的供应和需求提供了一个高精准、高效率的链接通路，更为政府监管单位、需求单位、爱心企业、物流企业、航空公司打造了供需链群，实现防疫物资的供需信息、物流能力及时、准确、零距离互联互通，共同支持疫情物资更高精度更高效率地精准匹配，同时也为政府物资调配提供全面技术支持，支撑疫区物资保障，在监管指导下共同打赢抗疫阻击战。

图2-27　支付宝防疫物资信息服务平台

区块链的信任机制能够带来可信连接，一方发出需求清单，另一方物资进入物流环节的一刻，就开始信息上链，物资所到之处的每一个环节、经手人确认都在链上显示。在新冠肺炎疫情这类突发公共卫生事件中，收件方可能不是最终受赠方，需经第三方统一管理派发。但无论经过多少个环节，区块链全程记录存证、各方确认不可改、可高效追溯，能解决多点协同的复杂问题，不留任何环节进入黑箱。

不仅是疫情物资的处理，在涉及社会资源管理配置的任何服务领域，都亟须寻求数字化改造与突破，利用区块链信任机制形成高效多点协同网络是大势所趋。

—— 案例28　中国信通院推出基于区块链的企业复工平台 ——

在 2020 年抗击新型冠状病毒肺炎的战役中，随着疫情的发展得到了有效的控制，自 2 月 10 日起便有多个省份开始正式复工。大多数公司由疫情严重时期的线上办公和轮流制办公，逐渐恢复成疫情前的全员办公，但在疫情尚未解除警报之时，返工潮带来的人员流动，给人口迁入大省造成了病毒输入压力。

对此，中国信通院推出了基于区块链技术的企业复工平台，利用区块链技术的不可篡改性和大数据分析比对，有针对性地做好防控，成为各地疫情阻击战中的有力武器。

中国信通院运用区块链技术，通过国家顶级节点对接权威数据库，推出"企信码"。"企信码"是基于国家顶级节点上的区块链，为企业分配唯一的数字 ID。通过这种唯一的标识，企业可以绑定各种经营行为和需求信息，从而成为数字世界的企业名片，帮助企业实现数字化、网络化、智能化的经营模式。

由于各地疫情不同、防控等级不同，造成企业不同程度地用工短缺，一些关键岗位员工受困于疫情严重地区出不来。各大城市陆续解禁后企业开始全面复工，对防疫工作的考验也到了最后关头。

在江西省工信厅信息化推进处的全程指导下，中国联通研究院凭借区块链专利等核心技术上的深厚积累，研发出全国首个"基于区块链的企业复工复产备案申报平台"，基于区块链技术的防篡改、多节点同步等优势，解决了远程在线填报、全省跨地市跨部门快速同步以及备案数据安全可信等问题，避免现场人员聚集，提高备案效率，为政府复工复产备案解除后顾之忧。

该备案申报平台具有 6 个区块链服务节点，采用了国密加密算法，具有分布式、高冗余、高安全等优点，充分利用了区块链不可篡改的特性，对企业备案信息和核准信息全部上链保存，企业、防控指挥部、业务主管部门和监管部门等多节点均可同步查询链上记录，确保公平、公正、公开。备案申报平台操作界面清晰便捷，企业可一键实现备案，主管部门可一键核准，简单易用，无须培训即可上手操作，监管部门可以随时查看全省多种复工复产统计数据，实时掌握进度，满足快速复工的需要。

通过区块链技术结合大数据统计，一方面可以为居民提供诸如感染概率指数预测、实时的防护建议、高风险感染人群的智能筛查等个体防疫服务，另一方面，可提高政府区域防疫工作的精准度和效率，为全面复工做好充分准备，同时也为防控措施实施等政府管理行为提供决策支撑。

第三章

区块链在金融领域经典落地案例

BLOCKCHAIN

DEFINING THE FUTURE OF FINANCE AND
ECONOMICS

一、场景 1：区块链与供应链金融

（一）供应链金融的发展现状与痛点

在国内经济持续转型升级的大背景下，金融领域成为供给侧改革的重要阵地，供应链金融更是备受瞩目。尤其在产融结合、脱虚向实的政策号召下，供应链金融以其对实体经济强大的刺激及赋能作用，迅速成为振兴实体经济、推动产业升级的重要抓手。2017 年以来，供应链金融相关政策频频出台，鼓励核心企业、商业银行发挥引领作用，搭建平台，为中小微企业提供高效便捷的融资渠道，同时对于供应链金融 ABS 产品提出了规范化的要求。

供应链是社会经济的脉络，供应链金融能够将贸易环节与融资环节相结合，有利于产业发展。据前瞻产业研究院预测，到 2020 年，国内供应链金融市场规模将接近 15 万亿元。虽然供应链金融市场发展前景广阔，但是仍面临着几大亟待解决的痛点。

（1）供应链上的中小企业融资难，成本高。

（2）作为供应链金融的主要融资工具，现阶段的商业汇票、银行汇票使用场景受限，转让难度较大。

（3）供应链金融平台 / 核心企业系统难以自证清白，导致资金端风控成本居高不下。

供应链本身有一定的行业隔离属性，不同行业的供应链金融平台之间直接竞争较小，但资金端本身没有行业限制，因此在资产信用评级、企业信用评级以及风控方面的能力将会成为未来扩大资金来源的核心竞争力。传统供应链金融依靠单一核心企业的协调模式已经不能满足多元化发展的需求，并存在信息不对称、不透明、作假、被篡改的风险。

（二）区块链如何赋能供应链融资业务

区块链技术具有分布式数据存储、点对点传输、共识机制、加密算法等特点，为核心企业应付账款的快速确权提供了便利，同时减少了中间环节，交易数据可以作为存证，中间环节无法篡改和造假，并且可以追踪溯源。更重要的是，区块链技术与供应链金融的融合获得了国家政策的鼎力支持。可以说，区块链的技术特性完美地契合了供应链金融这一场景，并为供应链金融的种种痛点提供了解决方案，从以下三个方面为供应链金融赋能。

（1）畅通多层级的信用传递：区块链平台的搭建，能够以恰当的结构和保障机制帮助供应链全链条信息化，实现信息的透明、畅通与安全；通过打通底层数据来冲破各层级之间的交易壁垒，进而促进供应链上"四流合一"的真正落地，并实现对与核心企业没有直接交易的远端企业的信用传递。同时，区块链记录的数据不会丢失且无法篡改，解决了供应链金融中存在的单证伪造、信息遗失等问题。

（2）推动更多主体更好地参与合作协调：协作的基础是信任与利益分配。为此，作为一种信息可追踪与不可修改的分布式账本，区块链技术为各参与方提供了去中心化、平等协作的平台，能够大大降低机构间信用协作风险和成本。各主体基于链上的信息，可以实现数据的实时同步与实时对账。

（3）化解系统性风险：区块链技术能够促进公正可信交易环境的形成，使多家机构共存于互相协作、相互监督的场景里，避免了传统供应链金融模式下的私下交易或串通行为的发生。在公开透明的机制下，机构的信用情况会获得所有参与者的一致认同，连续的交易也使得各类单据无须重复便可进行真实性查验，这便极大地降低了由于信任缺失而带来的各种交易成本，以往的票据、资产、交易、回款等诸多风险点也将得到有效管理。此外，区块链的智能合约机制，也可敦促交易各方如约履行自身义务，确保交易顺利可靠地进行下去，而链条上的各方资金清算路径固化，可以有效管控履约风险。

　　未来几年内，供应链金融行业的参与方将更加多元化。除了传统的核心企业、与之关联的上下游企业及金融机构外，金融科技公司将成为重要的参与方，而由多方共同打造的 B2B 产业服务平台将成为产业融合的最佳体现方式。

（三）区块链 + 供应链金融案例

────────── 案例29　中国银行区块链债券发行系统 ──────────

　　2019 年 12 月 3 日，中国银行推出国内首个基于区块链技术的债券发行系统，已完成第一期 200 亿元小型微型企业贷款专项金融债券发行定价，募集资金专项用于发放小微企业贷款。此次中行自主研发的区块链债券发行系统，是国内首个基于区块链技术的债券发行簿记系统，也是境内市场首笔大型银行两年期金融债。

　　该债券发行系统的运作主要包括三个环节，如图 3-1 所示。

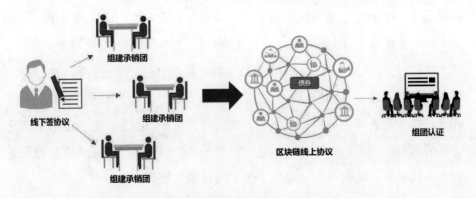

图3-1　中国银行区块链债券发行系统运作示意图
（资料来源：根据网络资源整理。）

环节 1：颁发 CA（Certification Authority）证书。债券发行参与主体在区块链系统登记的过程中，自动获取 CA 证书，包含公私钥，可以用作加密信息的传输和数字身份验证。

环节 2：在区块链上组建承销团。中行系统将参与主体的 CA 证书逐一进行区块链上的组团签名认证。区块链上链信息不可篡改的特性使得认证过程具有公信力。

环节 3：链上存证。在发行的过程中，在不同时间点通过智能合约自动将关键信息上链存储，注册用户可查看各部上链信息的区块链交易 ID、哈希值等，并实时全网通告，无法篡改。

中国银行区块链债券发行系统基于区块链技术设计债券智能合约，通过共识机制确保信息可信共享。

链上存证：债券发行过程中的债券详情等关键信息实时上链，实现分布式记账。

链上组团：承销团组建后，系统将使用各参与方的 CA 证书逐个完成区块链层上的组团签名认证。

区块链技术对于债券发行的应用价值主要有以下三个方面。

第一，降低债券发行过程中信息不对称风险。区块链应用了分布式账本技术，上链信息实时在全网记账，降低了单节点记账失败的风险，有利于保障信息安全。

第二，降低债券发行成本，提高债券发行效率。发行公司能够直接向投资者发行债券，而不须经历漫长的银行业务处理过程，将显著提高债券发行效率。而且，区块链债券发行成本还可以轻而易举地减少 50% 以上。区块链智能合约可以自动执行债券发行，将复杂的业务处理流程自动化，减少人工干预，降低了人工操作成本。此外，在区块链上完成协议签署认证，有潜力替代当前线下纸质协议用印流程，提高协议签署效率（见图 3-2）。

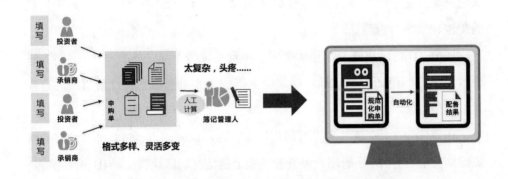

该系统以区块链技术为创新驱动力，从设计研发到实施落地
实现"全链路"自主可控，打造规范、智能、透明的线上债券发行簿记流程

图3-2　区块链技术对于债券发行的应用价值

　　第三，有助于后续审计和管理。债券发行相关信息以不可篡改的形式记录在区块链上，有利于日后对债券发行过程进行追溯查证，降低了数据核实工作量。另外，链上信息可以根据需要自动生成具有公信力的报告和统计，为交易后管理提供便利。

　　区块链技术对于优化债券业务流程具有以下六个特点。

　　（1）快速部署：通过良好的横向扩展与容错恢复机制，新业务可快速部署、灰度发布，提高了系统敏捷应变能力。

　　（2）强扩展：通过增加部署热点服务来提升系统处理能力，满足不断增长的债券发行业务需求。

　　（3）高运行效率：通过并行处理进一步提升业务处理效率，突破传统串行处理模式所导致的效率瓶颈。

　　（4）可靠性：通过微服务的熔断和限流机制，系统可自动"屏蔽"故障节点，保证业务运营稳定可靠。系统实现多角色、分权限线上交互，推动无纸化、线上化作业，降低手工操作量。同时，对债券申购过程进行多维度监控，便于发行动态的实时呈现。

（5）规范化、自动化：通过系统化设计，实现线上申购配售流程标准化、规范化，提高债券发行效率。

（6）实时监控：构建多维度监控体系，实时监控申购进度，为定价提供参考。

未来，区块链技术会继续促进新兴技术与资本市场业务的深度融合，赋能金融服务，聚焦价值创造，为服务实体经济、防范化解风险和深化金融改革持续贡献力量。

—— 案例30　福田汽车与中国平安——福金All-Link系统 ——

2018 年 8 月 10 日，中国平安旗下金融壹账通与福田汽车集团福田金融合作发布了"福金 All-Link 系统"，目前该项合作已在全国企业端部署超过 37 000 个节点，至 2021 年预计资金规模为 300 亿元。

该系统是福田汽车与金融壹账通基于区块链底层技术，深度打造的供应链金融服务平台，也是汽车行业首次与金融科技公司展开合作共建的基于区块链技术的供应链金融平台。

为什么说区块链是解决汽车供应链金融痛点最好的解决方案？

首先，汽车是一个复杂的组合体，含有上万个零件，常规有五级供应商，有数千家上游供应商来供应汽车零部件。汽车供应链是个较为复杂的场景，供应商层级多，且差异较大，大小供应商之间的权利和得到的服务不对等。其次，汽车行业供应商应收账款的账期很长，供应商要拿到账款一般需要等 8 ～ 10 个月，这极大地影响小供应商的生存与发展。

基于区块链的解决方案，以节点可控的方式建立开放、透明、高效的分布式网络，涵盖供应链上下游企业、核心企业、银行等各大融资参与主体，并将商流、现金流、物流、信息流零时差整合，从而提高整个产业链条的周转效率，并显著降低交易成本，实现整体效益的指数级提升。同时解决了汽车链属企业融资难问题，降低链属企业资金融资成本，增加链属企业与核心企业黏性，并提升企业及其链属企业整体竞争力，支持汽车产业链协同发展（见图 3-3）。

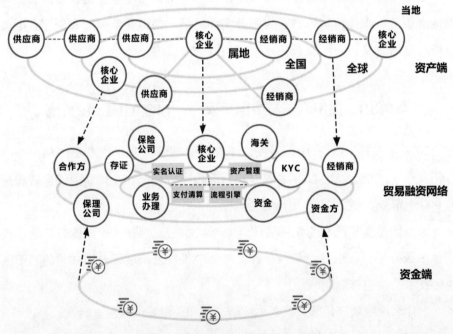

图3-3　供应链金融平台示意图
（资料来源：根据网络资源整理。）

区块链供应链金融对汽车行业各环节的好处有哪些？

第一，对主机厂的优势：主机厂可以获取生产制造之外新的经济收入来源，还可以了解自己的整个供应链条。

主机厂可以使得自己的供应链条更有弹性，从而支撑起加大产量的需求。通过把不流动的资产证券化，变为流动的资产，会使更多主机厂愿意参与到"区块链＋汽车"供应链金融中来。

第二，对供应商的优势：解决了账期长的问题。以前要等 8 ~ 10 个月才可能无成本拿到应收账款，但通过这样一个业务模式账期会变得更短，一部分金融资产可以产生价值，大大缩短了供应商的账期。

以前供应商面临融资难、融资贵，通过这样的模式可以稳定获得比他们以前融资成本更低的金融支持，解决了小供应商融资难问题。

在获得利差收入的过程中，收入收益分享给票据传递过程中的每一站，做到了多赢。末端的供应商可以获得融资、缩短账期，中间的每一级供应商通过凭证能够流动，缩短自己的账期，获得传递凭证的收益。

第三，对金融机构的优势：金融机构能够了解真实贸易情况。在真实贸易背景下，又可以开展业务模式以外的新的金融服务（见图 3-4）。

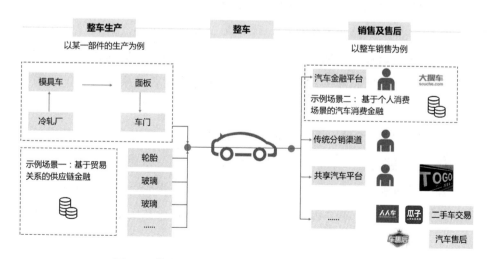

图3-4　供应链金融对汽车行业各环节的影响

福金 All-Link 系统作为汽车行业供应链金融创新的里程碑事件，既体现出了技术的变革，更表明数字经济时代的来临。

案例31　平安银行SAS平台

2017 年底，平安银行上线 SAS 平台，针对特定核心企业供应链内上游中小微企业（可拓展至多级供应商），提供线上应收账款转让及管理服务。

供应链金融是近年供应链管理和金融理论发展的新方向，是解决中小企业融资难题、降低融资成本、减少供应链风险等的一个有效手段。不过，由于在我国起步较晚，供应链金融在实践的过程遇到了诸多难题和痛点，例如供应链上存在很多信息孤岛、核心企业信任并不能有效传递、银行缺乏可信业务场景、融资难融资贵现象突出、合同履约并不能自动完成。

区块链技术的特性与供应链金融的特性具有天然的匹配性，对于供应链金融存在融资难、融资贵等问题，区块链以其数据难以篡改性、数据可溯源等技术特性，在融资的便利性与融资成本方面具有创新突破的潜力。

在银行主导的供应链金融中，银行是主要风控主体，由此导致在选择供应链企业时，规模较大、资金雄厚的企业成为银行的优先偏好。如何管控风险，引发业界高度关注，也成为关系该行业能否健康发展的重要因素之一。

在平安 SAS 平台上，具有优质商业信用的核心企业对到期的付款责任进行确认，各级供应商可将确认后的应收账款转让予上一级供应商以抵偿债务，或转让予机构授让方获取融资，从而盘活存量应收资产，得到便利的应收账款金融服务。同时，平安银行依靠科技力量不断强化其风险管控，运用区块链技术实现精准溯源，避免了应收账款重复抵押，对接外部资金实现应收账款资产的快速变现、流转，能有效解决传统应收账款融资痛点，缓释业务风险（见图3-5）。

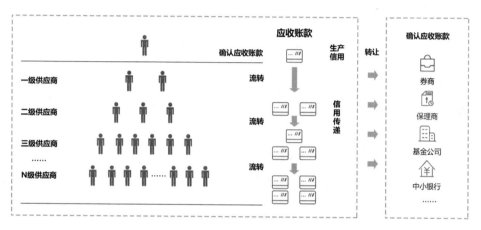

图3-5　平安SAS平台应收账款示意图
（资料来源：根据网络资源整理。）

在区块链技术的加持下，超级账本完成全流程信息记载，在应收账款流转环节自动完成债权转让、确认，解决了线下人为操作真实性难点；SAS平台各参与方在交易过程中均建立了独立的分布式账本，互相验证保障核心企业的信用有效传递；SAS平台资金提供方在受让应收账款时，可依托超级账本中记载的交易信息流追溯到关联的核心企业，再次强化了信用背书。平台与中登网（中国人民银行征信中心动产融资统一登记系统）连接，应收账款债权在链条内流动或者转让给流动性提供者时，中登网都会做自动转让登记，避免了债权重复抵押、重复融资的风险。

风险是金融活动中的永恒话题，在供应链金融的崛起和壮大过程中，如何降低以信用风险为主的各种融资风险，也将处于持续探索中。围绕这一目标，我们期待区块链赋能的供应链金融会有更多新的模式出现。

─────── **案例32　苏宁区块链物联网动产质押融资平台** ───────

在动产质押、库存融资等涉及货物监管的供应链金融业务中，不少银行做了煤炭质押融资业务后，到进场处置质押物时，才发现煤堆下层藏的是大量价格低廉的煤矸石。传统银行大都缺乏有效监管大宗商品等动产流向的能力，因此一度暂停了动产质押融资业务。苏宁银行作为全国首家 O2O 银行，已将注意力聚焦到动产质押融资这一领域中，经过数月的尝试，大胆地迈出了第一步。

2018 年 9 月，为解决动产质押、存货质押融资业务中缺乏可信监管的问题，苏宁金融采用了区块链技术将业务流程数据与告警信息上链，无须第三方机构即可实现资金提供方、仓储监管方、货主之间的可信数据交换，同时还使用了传感器对资产进行在库实时监控，通过统一的物联网平台对设备进行全生命周期的管理，确保货物在质押期间得到有效的监控保障。

由于商业银行自身不具有动产监管的资质和条件，目前的动产融资业务主要是委托仓储监管企业来实现，仓储监管企业作为代理人，占有和管理货物，向银行提供质押物的数量、物理状态甚至价值信息。银行掌握质押物的信息准确真实程度高度依赖于仓储监管企业对质押物管理的尽职程度。

利用区块链去中心化、可追溯、不可篡改的技术特点，则可以解决存货质押融资业务中缺乏权威第三方的问题，无须第三方机构即可实现资金提供方、仓储、货主之间的可信数据交换，同时通过物联网技术确保质物在质押期间得到有效的监控保障。将区块链技术与物联网技术相结合的融资开放平台可容纳多家仓储监管机构、资金方进行公平竞争。

苏宁金融使用前沿技术将质物标准化、智能化、存证区块链化。所有业务相关方可以作为区块链的节点，通过分布式接入到动产质押区块链联盟中，同步更新押品存证信息。在场景化的联盟链中，客户、监管方、保险方、质检方等各参与主体各司其职，共同监督。实现了信息流、物流、现金流、感知流四流合一。

相比于由仓储监管企业单方面进行抵质押物监管的传统模式，苏宁金融的区块链物联网动产质押融资平台使得金融机构也可以参与到抵质押物的监控管理中，金融机构所掌握抵质押物品信息的准确真实程度也不再完全依赖于仓储监管企业的管理能力。该平台解决了供应链金融的核心资产监管问题，且其扩展性和安全性都很强，风险较传统监管手段低，使资金方在授信审批中对库存融资、动产质押等业务更有信心。使用该平台后，库存融资业务授信额度可增加 10 倍。

商业银行的业务范围也随之进一步扩大，原本无法实现动态监管，影响企业融资灵活使用，交易成本高，现在可以通过存证的流通实现快速流转。已上线的物联网动产质押融资系统实现了完整的融通仓融资模式，将区块链及物联网技术运用到供应链金融业务中，提高了仓储监管企业的动产管理水平，降低了金融机构的业务风险，完善了银行的风控体系。

案例33　腾讯微企链平台

腾讯微企链平台是腾讯金融科技孵化的国内首个"供应链金融＋区块链＋资产证券化"开放平台。2019 年 8 月该平台与渣打银行合作的首笔区块链供应链金融业务成功落地。基于区块链技术，平台实现应收账款债权的拆分、流转与变现，使得核心企业的信用可以传递至长尾供应商，改善了小微企业融资难、融资贵的问题。

纵观全国市场，中小微企业的融资难、融资贵问题仍未得到根本解决。

微企链内部调查数据显示，至 2020 年年末，应收账款总额或将超过 20 万亿元，且呈逐年攀升态势，而实际获得保理融资服务的仅 3 万亿元左右，仍有近 17 万亿元的供应链条长尾小微供应商应收账款融资需求无法覆盖。[①] 传统金融机构对于小微企业融资也存在获客成本高、风控手段有限、操作效率低等诸多痛点。传统金融机构出于风险偏好及操作成本考虑，其融资形式仅能覆盖三分之一的小微企业融资需求。

微企链平台能够为中小微企业扩展融资渠道、降低融资成本。传统业务中三级以后的供应商由于传统金融机构风险偏好及操作成本等问题，融资渠道十分受限，且融资价格普遍高于平均水平。通过微企链平台，小微企业可凭借数字债权凭证在链上向多资金渠道申请变现，同时依赖于核心企业确权，可大幅度降低融资成本（见图 3-6）。

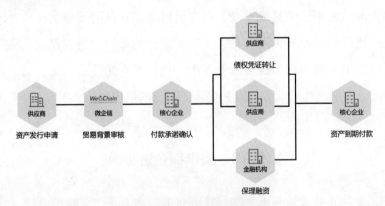

图 3-6　微企链业务示意图
（资料来源：2019 腾讯区块链白皮书。）

---

① 腾讯在区块链上有什么动静 [EB/OL]. [2020-01-10]. http://www.diannaoxianka.com/qukuai/10213.html.

微企链平台帮助企业盘活应收账款，提升资金流动性管理，进一步优化企业周转率。在供应链金融业务中，由于账期原因，上游供应商的资金流动性、存货周转率都会受到较大的限制，从而导致企业的经营、规模扩张受限。而微企链平台的流转、变现功能，则可帮助企业盘活应收账款，优化流动性管理，真正助力实体经济。以房企上游供应商为例，账期普遍为一年及以上，通过微企链平台供应商可在资金流短缺时，向上流转或申请变现，帮助企业优化经营、提升周转率。

微企链平台助力核心企业优化产业链管理，提供开放式企业管理工具。借助区块链不可篡改、去中心化特性，核心企业可通过微企链实现全线上化、可视化供应链管理，实现科技对实体产业赋能。未来微企链平台将紧密围绕国家扶持小微企业政策，通过领先的技术与产品体验，帮助中小微企业缓解融资难、融资贵问题。

微企链平台自2017年8月推向市场，受到了各参与方的广泛关注与认可。截至2019年年底，合作伙伴已覆盖逾百家核心企业，并以微企链模式在深交所、上交所各获批100亿储架额度，[①] 是全市场首单非特定债务人供应链区块链 ABS。

区块链技术在供应链金融领域的应用已被多次证实能够有效提高小微企业融资可获得性、降低融资成本，帮助资金真正流入实体经济，相信在之后也会有越来越多的金融机构和科技公司使用区块链技术，帮助中小微企业解决融资难题，共同促进实体经济的繁荣增长。

---

① 案例|腾讯区块链-微企链[EB/OL]. [2020-01-09]. http://www.shuzibiba.com/shuzibi/280136052.html.

----------- **案例34　京东"债转平台"** -----------

京东"债转平台"是以供应链的应收账款融资为核心，将债权凭证保存在区块链上，帮助供应商盘活应收账款，降低融资成本，解决供应商对外支付及上游客户的融资需求。

首先，"债转平台"采用开放式的系统架构设计，让供应链上的核心企业及其多级供应商能够灵活对接。其次，根据核心企业与其供应商在贸易过程中产生的应收账款池，结合风控模型为供应商核定可用融资额度。供应商根据其实际应付及采购需求，可签发不高于融资额度的债权凭证作为对该笔采购的支付信用凭证，凭证的信用背书及差额补足承诺由平台方提供。最后，收到凭证的企业可以选择到期兑付或融资申请，若其同样有应付及采购的需求，也可转让此凭证对应的应收账款以获得签发新凭证的额度，以此完成贸易中实际的采购支付，形成债权在供应链上的流转（见图 3-7）。

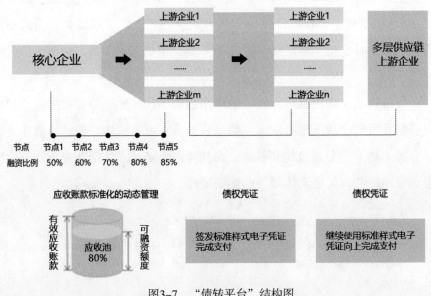

图3-7　"债转平台"结构图

（资料来源：根据网络资源整理。）

与传统模式相比，"债转平台"具有开放延展、动态变化、标准可规、便捷保障和安全可靠等特点。

（1）开放延展："债转平台"开放式的系统架构设计，实现了与客户系统的灵活对接。同时"债转平台"致力服务贸易链条上的每个参与者，并协助企业建立自己的供应链金融方案。

（2）动态变化："债转平台"采用动态的风控策略和授信策略实现可融资额度实时更新，企业可根据实时动态变化灵活管理应收（付）款，提高资金利用率和周转率。

（3）标准可规：系统通过数据标准化策略将各种应收账款转化为标准应收账款，借此为不同行业、不同地域、不同规模、不同贸易方式的企业核定科学的融资额度。利用转化成的融资额度，企业可自主按需签发标准化凭证，完成贸易关系中的采购融资等活动。

（4）便捷保障：平台签发凭证及融资的手续简单，用款灵活便捷，具有传统金融机构无法满足的极高的时效性。同时平台企业信誉参与到凭证的生成流转过程，保证了持有凭证企业收款的及时稳定。

（5）安全可靠："债转平台"设置了加密的安全措施，不会获取客户的敏感交易数据，只接收应收账款必要特征值，确保企业商业信息的机密和安全性。

京东"债转平台"利用区块链技术重构了传统供应链融资的结构方案，打造了全新的供应链金融服务模式，为中小企业提供了融资渠道，加强了中小企业的资金管理能力，满足了中小企业科技融入生产的需求。

─────────── **案例35　联想供应链金融** ───────────

供应链金融近些年发展迅猛，原因在于其既能有效解决中小企业融资难题，又能延伸银行的纵深服务达到双赢的效果。商业银行在进行经营战略转型过程中，已纷纷将供应链金融作为转型的着力点和突破口之一。供应链管理也已成为企业的生存支柱与利润源泉，几乎所有的企业管理者都认识到供应链管理对于企业战略举足轻重的作用。

联想金融发展供应链金融业务有着得天独厚的优势，通过联想集团多年积累和沉淀所形成的供应链体系大数据，专注于服务上下游供应商、分销商，解决供应链中普遍存在的资金流问题和中小企业融资难的问题，缓解供应链中的资金支付压力，同时也缓解公司应收账款压力，加速资金周转，促进销售，提供资金保障。

在联想区块链供应链方案中，基于数据共享的交易协作和隐私保护是两大核心要点。联想区块链供应链方案基于密码学、可信执行环境等技术对用户身份、交易数据和状态、合约执行等提供保护，确保用户身份的隐私以及用户数据在数据全生命周期的计算、存储、转移等所有环节下的安全。

联想区块链供应链方案的数据共享和隐私保护包括以下内容。

数据透明增强协作——区块链网络中的所有节点通过共识机制实现节点上存储的数据保持一致，同时区块链的结构还可以防止存储在区块链上的数据被篡改，保证数据的透明性与可靠性。在供应链系统中，上下游间可以通过智能合约的形式执行合作协议，从而提升协议的执行效率与可靠性。

数据可信减少争议——在供应链中，参与协作的各方将数据上链，利用区块链的去中心化、公开透明、不可篡改的特性保证数据的可靠性与完整性，并且在数据出现争议时，区块链的链式存储特性可以方便地对数据进行溯源、定位并解决数据争议问题。

隐私保护下数据共享——在身份隐私保护方面，联想区块链平台在业界首先提出了基于无双线性对的无证书体系；在交易、状态隐私保护方面，联想区块链支持采用加密的方式对数据进行保护，数据加密对应的密钥由去中心化的密钥管理系统管理，最大程度上保证密钥的安全和可用（见图3-8）。

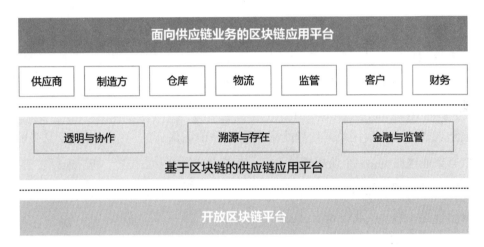

图3-8　联想区块链供应链应用平台架构图
（资料来源：根据网络资源整理。）

2019年5月，联想在由中国信通院牵头组建的"可信区块链推进计划"（Trusted Blockchain Initiatives）中成立了供应链协同应用工作组并担任组长单位，致力将基于区块链的供应链系统的共性问题抽象化和标准化，并将技术和方案辐射到全行业。

—————————— 案例36　布比壹诺供应链金融 ——————————

2017年5月，布比自主研发运营的"区块链＋供应链金融"平台正式发布，致力为客户提供"技术支撑＋业务咨询＋资源撮合"三位一体的金融服务。

布比壹诺供应链金融平台依托产业链条中真实贸易背景及核心企业付款承诺，创造性地将区块链不可篡改、多方共享、智能合约等技术特性与供应链金融场景深度结合，将传统贸易过程中的赊购、赊销行为转换为一种可拆分、可流转、可持有到期、可融资的线上电子凭证。在传递核心企业信用的同时，缓解传统业务场景下信息不对称、信任成本高及资金跨级流转风险大等问题。

布比壹诺供应链金融是一个多方参与、共建共享的业务撮合平台，参与者主要包括资产端、资金端、信用端三方。资金端主要由银行、信托、小贷公司等金融机构构成，同时还引入了保理公司；资产端是中小企业，在产业链上处于弱势，因缺少优质信任背书而较难获得经营所需的低成本资金，有强烈融资需求；信用端是给整个业务过程做信用保障的，主要由产业龙头的核心企业构成，这些企业规模较大，处于产业链条的中心位置，拥有银行授信，其行业结算特点是赊销，一般存在 3 ～ 6 个月的付款账期，有意愿通过自身信用覆盖，为其产业链条内供应商解决融资难、融资贵问题（见图3-9）。

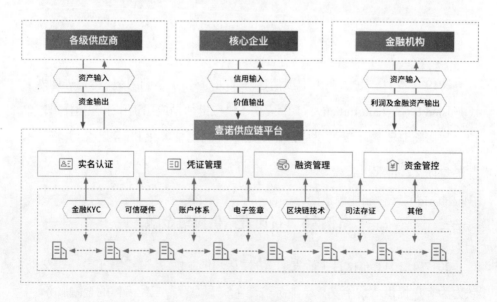

图3-9　壹诺供应链金融平台架构

（资料来源：壹诺金融官网[EB/OL]. https://www.yinuojr.cn/product.html.）

　　壹诺供应链金融平台采用反向邀请的方式，以核心企业为邀请源头，将存在直接或间接贸易关系的上下游供应商逐级邀请进来，在平台上搭建自己的价值流转网络。在业务场景方面，核心企业基于真实贸易背景下的债务关系去登记应付账款凭证，并转移给对应的一级供应商。一级供应商再基于自己和二级供应商的关系，去完成应付账款凭证的拆分和流转。对于中小企业而言，只需要拿到平台上接收到的核心企业的应付账款凭证碎片，找到平台上的资金方，就能快速获得融资。

　　媒体报道的数据显示，截至 2019 年 11 月，布比壹诺金融资产总额接近200 亿元，注册用户超过 3 000 家，已经成为"区块链 + 供应链金融"应用的典范。① 经过两年多的业务拓展及持续运营，目前已有中金支付、贵阳银行、国投集团等 20 多家金融机构，150 多家核心企业以共建模式加入平台，开展供应链金融业务。

─────── **案例37　komgo区块链商品金融交易平台** ───────

　　2018 年 8 月 21 日，包括荷兰银行（ABN AMRO）、法国巴黎银行（BNP Paribas）、花旗银行（Citi）、法国农业信贷银行集团（Credit Agricol Group）、贡沃集团（Gunvor）、荷兰国际集团（ING）、科赫（Koch）供销、麦格理（Macquarie）、摩科瑞能源集团（Mercuria）、MUFG 银行、法国外贸银行（Natixis）、荷兰合作银行（Rabobank）、壳牌（Shell）、SGS 和法国兴业银行（Societe Generale）在内的 15 家股东合资成立 komgo，致力通过提供完全分布式的、

────────────────

　　① 布比壹诺金融："区块链+供应链金融"落地中的3条实操经验[EB/OL]．[2020-03-10]．https://www.bubi.cn/news/20200310/226.html.

可互操作的区块链解决方案来进行行业数据交换，从而促进商品贸易网络（见图 3-10）。

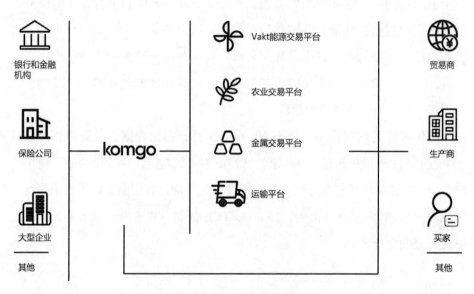

图3-10　komgo产品流程图
（资料来源：根据网络资源整理。）

　　随着贸易全球化的加快，目前全球贸易金融行业内部的跟踪记录系统的标准化和数字化的能力已经远远跟不上全球化的速度。行业内的商品贸易仍在使用纸质记录跟踪系统，并且在各个地区的贸易中，每种商品都有其独特的法规、运输规范和认证要求。这会导致沟通不当、贸易欺诈、安全漏洞、手动和重复性任务、较长的验证时间等诸多问题，造成由交易费、发票保理和延迟付款方式引起的损失。

　　komgo 是基于区块链的贸易融资平台，它与另一个实时以太坊平台 Vakt相连接，Vakt 是基于区块链的商品交易处理平台。komgo 平台具有一个称为Kite 的专有文档传输系统，该系统保证数据安全传输不会泄露。该框架利用分布式分类账技术来解决欺诈问题，提高效率并将贸易数字化。

komgo 平台极大地提高了透明度，而其隐私架构则允许私人点对点交易。该设计模型通过减少操作程序并降低整个行业的失败和欺诈风险，从根本上增强了信任并加快了获得贸易融资的速度。授权方包括银行、商品交易商、能源公司、检测公司以及更广泛的参与者生态系统。

komgo 与 ConsenSys 和 Kaleido 合作开发了区块链解决方案，并以更快的速度为大量参与者"产品化"。企业区块链可实现符合反洗钱（AML）法规的防篡改 KYC 记录；它使用共享分类账来改善整个生态系统对准确信息的访问，并基于权限提供私有数据交换。

在短短的几个月内，komgo 能够部署一个安全的数字平台，授权方可以在该平台上存储数据，交换交易并根据权限发送消息。

•节省成本：由于简化的运营，komgo 估计整个生产链中的现金流收益增加了 30%～40%。该平台有望在整个行业广泛采用之前，降低 20%～50% 的运营成本。随着项目的成熟，预计收益会增加。[①]

•简便性：komgo 网络允许银行、贸易商和其他参与者使用同一安全软件进行交易，从而实现了全行业范围内前所未有的大规模操作和通信简化。

•效率：komgo 网络是信息共享的分散式解决方案。文档和数据直接在交易参与者之间共享，且具有不变的透明时间戳，从而消除了第三方所涉及的滞后时间。

•安全性：komgo 的基于区块链的软件可确保数据不会被篡改、操纵或放错位置。此外，对特定信息的访问受到严格控制，以确保只有选定的参与者才能查看相关文档。

---

① komgo: Blockchain Case Study for Commodity Trade Finance [EB/OL]. https://consensys.net/blockchain-use-cases/finance/komgo/.

二、场景 2：区块链与跨境支付

（一）跨境支付市场的发展与阻力

跨境支付市场的参与主体主要有银行、汇款公司和在线支付服务商三类。其中，银行主要通过代理在许多国家和地区提供跨境支付服务。

在跨境支付业务中，首先需要面对的是高昂的手续费以及非常不固定的时效，这也是目前跨境支付行业中最主要的两大痛点，缺乏可追溯性与跨境监管的不确定性，也给跨境支付带来了不小的阻力。

传统的跨境服务提供者价格偏高，银行根据交易金额和目的地等向 B2B 交易收取最高 2.5% 的费用，向 C2C 交易收取最高 5% 的费用。①

许多银行需要 2 ~ 5 天的国际转账时间。大多数银行仍然需要手工操作跨境支付，这使得流程缓慢且效率低下。一些银行仍然使用纸质表格，并要求客户到银行网点进行处理。

由于跨境支付需要许多扮演不同角色的银行，因此很难评估和计算费用，容易导致支付过程中的损失，客户也缺乏可预测性和可审计性。

随着全球企业国际化的不断扩大，其银行账户越来越多，这些账户的管理和监控问题也越来越多。传统跨境支付过程复杂且不明确，不熟悉跨境支付的企业在跨境支付时经常由于出现错误而导致附加费用和延误支付。

---

① 传统的跨境支付模式下，存在哪些行业痛点[EB/OL]. [2019-11-25]. https://baijiahao. baidu.com/s?id=1651177665453616068&wfr=spider&for=pc.

（二）区块链技术如何赋能跨境支付

首先是效率高。传统跨境支付的交易双方都有一个本地数据库，参与交易的银行需要将交易信息进行对账并同步，这样就大大降低了交易效率。但是在区块链网络中，由于信息的透明性和不可篡改性不需要对账和同步，所以交易效率能得到显著提高。

其次便是成本低。传统的跨境支付需要大量的储备金，因为每个银行都需要为关联银行建立单独的储备金账户以方便借贷双方进行结算。此外，单独对支付信息进行的处理和对账同样增加了跨境支付的成本。在区块链网络中，银行只需设立一个储备金账户，既节省了储备金的同时也降低了处理和对账的成本。

再次是基于区块链技术的高安全性。由于区块链不可篡改、智能合约等技术特点，使得跨境汇款的各参与方有了实时、可信的信息验证渠道，汇款有迹可循，更加安全。同时，因为采用联盟链以及哈希算法，用户的隐私信息能得到更全面的保障。

最后是区块链技术的透明性以及符合监管。区块链技术还能降低风险，使跨境汇款能实现更透明的监管和更高效的风控。

（三）区块链＋跨境支付案例

—————— **案例38　招商银行区块链直联跨境支付** ——————

如果你想给一个国外的账户转钱，往往不像我们现在使用的手机支付，钱一下子就转过去了，跨境支付会是个很漫长的流程，会有银行收手续费，会需要代理行，会有外汇损失。如果转出 100 美元，那么收款时是会收到小于 100 美元，而且一般需要花 48 小时甚至更久才会交付。

传统金融机构的跨境支付与结算普遍存在着交易周期太长、交易手续烦琐、交易手续费高、隐私容易泄露这四大主要问题。麦肯锡报告指出，区块链技术在 B2B 跨境支付与结算业务中的应用将使每笔交易成本从约 26 美元下降到 15 美元，其中约 75% 为中转银行的支付网络维护费用，25% 为合规、差错调查，以及外汇汇兑成本。[①]

区块链技术的去中心化特性让交易双方不再依赖一个中央系统来负责资金清算和存储交易信息，并可以为用户提供 7×24 小时、接近"实时"的跨境交易服务，汇款方可以随时了解收款方是否已经收到汇款，随时对汇款情况进行追踪，并快速、高效地实现自己的转移。招商银行的"直联支付区块链平台"就是这样的解决跨境支付与结算的项目，这也是商业银行首次将区块链技术应用到全球现金管理领域的跨境直联清算、全球账户统一视图以及跨境资金归集三大场景中。招商银行的"直联支付区块链平台"已于 2017 年 12 月 20 日完成第一笔业务。

招行跨境支付业务包括如下特点。

（1）分布式结构：采用点到点的传输架构，而非之前采用的星状传输网络，减少了转发环节。在区块链网络中的任何两家机构都可以实时连接交易，传输时间原来需要 6 分钟，利用区块链技术可以缩小到秒级。

（2）安全性极高：招商银行基于区块链技术的跨境直联清算，采用了封闭的私有链，未经授权不可调用和查看区块链上的数据，更不可能对数据进行篡改和伪造。

---

① "区块链+跨境支付"的风继续吹，SWIFT有必要颤抖吗？[EB/OL]. [2016-11-01]. https://www.8btc.com/article/108062.

（3）减少系统故障：由于去中心化的架构，区块链技术网络不会被单点攻击，没有核心节点就不会造成系统整体的崩溃，就算区块链技术网络中的某一点出现故障，系统仍可以正常运行。

（4）简化操作系统：任何新加入者都可以更加简便轻松地安排和加入系统。

招行利用区块链去中心化的特性将其和金融结合起来，把上海自贸单元作为一个独立的节点，直接和境外清算行联通，利用了区块链的点对点传输特性减少了中间的环节，这就节省了传统模式下中心节点所需要耗费的人力、成本、时间。并且分布式账本技术（DLT）使自贸单元的结算和总行外币支付体系能够分开在不同的账本上核算，更为清晰，避免了二者的混淆，同时方便了监管。分账处理后也能够加快跨境结算的速度。境外的外币资金就能够通过基于区块链的跨境支付系统在以秒计算的时间内传输过去，大大提升了跨境支付的效率。

招行未来的计划是将招行所有海外机构都纳入这个全球区块链跨境清算项目，邀请同业银行客户通力合作，共建一个覆盖面更广的跨行间区块链清算平台，实现多方共赢。

────────── **案例39　蚂蚁金服区块链跨境支付** ──────────

跨境支付是银行利润最丰厚的业务之一。埃哲森的数据显示，每年银行间处理的跨境支付金额在25万亿~30万亿美元，交易量达到100亿~150亿笔。[①]虽然金融正在被互联网深刻改变，但是跨境汇款一直都是互联网难以碰触的

───────────

① 跨境市场将迎来下一个蓝海：区块链+跨境支付？[EB/OL].[2018-11-30]. https://finance.sina.com.cn/blockchain/roll/2018-11-30/doc-ihmutuec5041888.shtml.

领域，体验仍停留在 10 年前。因为参与机构多、涉及法律法规和汇率等问题，跨境汇款的时间要 10 分钟到几天不等，晚 7 点后汇款最早要次日到账。此外，跨境汇款需要高昂的手续费，汇款人要填写较多收款人资料，出错后很麻烦。通过区块链技术的应用，蚂蚁金服实现了跨境汇款服务跟普通转账一样方便，实时到账、省钱、省事、安全、透明。

2018 年 6 月 25 日，蚂蚁金服宣布，全球首个基于区块链技术的电子钱包跨境汇款服务在香港上线。港版支付宝 AlipayHK 的用户可以通过区块链技术，向菲律宾钱包 GCash 直接汇款。同时，渣打银行宣布成为核心伙伴银行，提供结算服务（见图 3–11）。

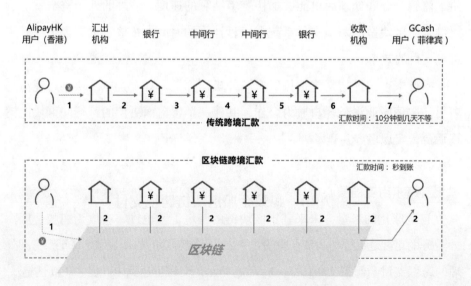

图3–11　区块链跨境汇款流程示意图

（资料来源：根据网络资源整理。）

区块链与跨境支付的结合，对于金融机构来说可以改善成本结构，提高盈利能力，实现全天候支付、瞬间到账，在加快交易进度同时省去了大量的手续费，全球第一笔基于区块链的银行间跨境支付只需要数秒。

作为核心伙伴银行，渣打银行将为 AlipayHK 及 GCash 提供结算服务，并提供即时外汇汇率和流动性，以支持两个持牌电子钱包之间的即时款项转账，让客户以优惠的汇率和便宜的交易费，数秒间完成中国香港和菲律宾两地之间的汇款。菲律宾 2017 年是全球第三大接收汇款的市场，金额高达 330 亿美元。[①] 同时，中国香港有超过 18 万名菲律宾籍人士，是当地最大的外籍社群，因此汇款服务对菲律宾家庭来说非常重要。

蚂蚁金服未来全球化三步走战略就是先让中国用户在海外能用支付宝，再给当地用户提供电子钱包服务，最后再从支付延展到金融服务。从本次提供区块链跨境汇款来看，蚂蚁金服已经在第三步上做出尝试。

蚂蚁金服在海外通过自建、收购、合资、合作等形式已经实现了 18 个国家或地区、19 个支付公司的业务对接。这些地区人口总数超过 43 亿，占全球人口数的 56%。[②] 区块链已经被蚂蚁金服用于不同地区的跨境支付。这意味着上述国家和地区的用户可以通过蚂蚁金服的区块链网络实现跨境支付，可以说蚂蚁金服已经实现了 Libra 全球跨境支付的部分愿景。

香港是中国内地企业出海的桥头堡，而菲律宾是蚂蚁金服及阿里巴巴全球化重镇东南亚的核心市场，因此本次率先在中国香港与菲律宾上线跨境汇款也有全球化的考量，未来基于区块链的跨境汇款也许将会成为蚂蚁金服海外业务的重要切入点。

---

① 程微妙. 港版支付宝上线区块链跨境汇款服务 [EB/OL]. [2018-06-25]. https://www.jinse.com/blockchain/205855.html.

② 阿里巴巴的区块链全球梦 [EB/OL]. [2019-12-25]. https://www.sohu.com/a/362725703_100128500.

案例40　Visa区块链B2B支付平台

据《福布斯》报道，2018 年 Visa 支付网络的交易总额为 11.2 万亿美元，覆盖 200 多个国家和地区。[①]　大到买房买汽车，小到买零食买咖啡，几乎无所不包。

过去，传统银行如果要做跨境支付，需要通过中介银行，以及不同银行系统间的转换，除了速度慢、效率低，有时还要额外支付手续费和承担交易数据不一致等风险。

即便在今天，大多数跨境支付仍然要通过环球银行金融电信协会来实现。SWIFT 是一家成立于 1973 年的国际合作组织，总部设在比利时，目前拥有超过 10 000 家金融机构会员。尽管历史悠久，但 SWIFT 系统的效率非常低下，仍然无法做到实时交易，很难跟踪转账进度，因为很少有银行能够实现直接连接。

举个例子，一笔来自美国堪萨斯城、发往肯尼亚内罗毕的付款，在到达目的地之前要经过纽约、伦敦等多个地方的银行。每家银行都会收费。因此很难跟踪转账进度，预测这笔跨境支付究竟要花多少钱也很难。再考虑到不同国家之间的货币汇率，无疑让人更加头疼。

2019 年 6 月 12 日，美国支付巨头 Visa 宣布推出基于区块链的跨境支付网络"B2B Connect"。可以做到将企业间的交易，直接从 Visa 转向企业的收款行，去除企业跨境交易中间行，将跨境付款的成本效率化繁为简。

Visa B2B Connect 的多边支付网络，可以直接在与平台相连的任何银行之间进行跨境交易，转账方也可以提前看到一笔跨境支付所耗费用，从而实现

---

① Visa推出区块链支付网络，杀入125万亿美元跨境支付市场[EB/OL]. [2019-06-26]. https://www.sohu.com/a/323048439_100209010.

更加一致和简化的支付体验，同时提高数据的透明度和一致性。它的目标只有一个——让跨境支付更快更便宜。

处理跨境交易业务时最重要的一点就是速度，许多付款结算窗口均取决于货币与外汇因素。当天结算还是 T+1 结算是一个非常重要的选择，并非所有的金融机构都具备处理实时交易的能力。而 Visa B2B Connect 基于区块链技术可以提供实时交易的能力（见图 3-12）。

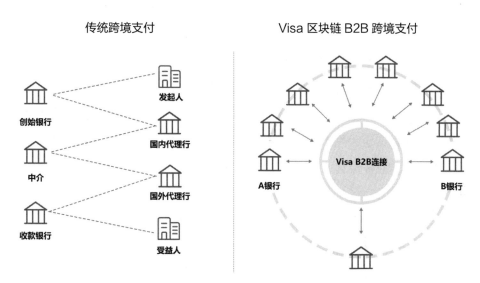

图3-12　Visa区块链B2B跨境支付与传统跨境支付流程对比图
（资料来源：根据网络资源整理。）

Visa B2B Connect 的合作伙伴包括科技公司、金融公司等，值得一提的是，Visa B2B Connect 能够打造一个可扩充且相互认证的环境，让金融交易更安全透明，因为它能够比任何现有支付系统传输更多支付数据。

Visa B2B Connect 还有另一个特点，它采用数字身份功能识别敏感的业务数据，减少欺诈风险。简单地说，它能将银行汇款资料、账号等敏感资讯代码化。透过分散式账本技术，能进一步提高全球跨境交易的安全性与透明度。

─────────── **案例41 中国银行区块链跨境支付系统** ───────────

前文中我们介绍了蚂蚁金服基于区块链技术的跨境支付业务，在蚂蚁金服完成第一笔跨境支付业务的两个月后，中国银行于 2018 年 8 月底，发布了自己的区块链跨境支付系统，并成功完成中国河北雄安与韩国首尔两地间客户的美元国际汇款。这也是除了互联网公司之外，国内银行首笔应用自主研发的区块链支付系统完成的国际汇款业务，也带领我国其他国有银行加快了区块链应用布局的速度。

目前，大多数的汇款机构还是依赖于第三方服务平台和金融机构。支付交易信息要在多家银行机构之间流转、处理，支付路径长使得运行效率非常低，客户无法实时获知交易处理状态和资金动态。根据不同国家和地区，跨境汇款的时间在数天至数周不等，而且手续费也相对高昂。图 3-13 描述的是大多数传统汇款的业务流程。

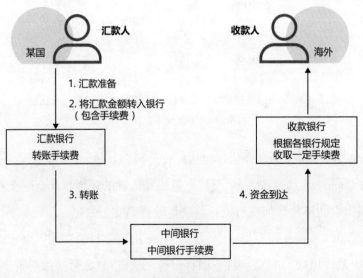

图3-13 传统跨境汇款流程图
（资料来源：根据网络资源整理。）

中国银行为了解决传统跨境汇款的痛点，自主研发了跨境支付系统。通过接入该系统，在区块链平台上可快速完成参与方之间支付交易信息的可信共享，并在数秒之内完成客户账的解付，实时查询交易处理状态，实时追踪资金动态。同时，还可以实现实时销账，获知账户头寸信息，提高流动性管理效率。

中国银行基于区块链技术的支付业务有以下四个优点。

（1）方便快捷：可以做到实时到账，7×24小时随时发起和接收，不会由于时差问题和各机构间的工作时间影响时效性。并且交易流程可以通过去中心化的方式安全地进行，而这仅需要几台计算机参与验证和确认交易即可。

（2）低成本：通过区块链智能合约的自动执行，降低了金融机构的操作、合规、对账成本。此外，由于整体处理效率的提升，让资金运营效率得到了提高，极大地降低了支付成本。

（3）安全性高：因为区块链不可篡改、智能合约等技术特点，使得跨境汇款的各参与方有了实时、可信的信息验证渠道，汇款有迹可循，更加安全。同时，区块链技术的加持使得用户的隐私信息能得到更全面的保障。

（4）交易透明：区块链技术还能降低风险，使跨境汇款能实现更透明的监管和更高效的风控。

中国银行的区块链跨境支付系统充分利用区块链分布式数据存储、点对点传输、共识机制等技术，加密共享交易信息，完成行内应用系统与区块链平台的整合，实现了新技术与传统业务的有机融合和新系统与现有应用系统的无缝衔接，突破了原有国际支付的体系，在区块链智能合约中实现了独特的支付业务逻辑，并支持后续业务扩展、升级。

在蚂蚁金服领头的互联网企业使用区块链技术布局跨境支付之后，传统银行也开始积极尝试这一颇具自我颠覆性的技术，那么未来所有的跨境支付会不会都运行在区块链上，让我们拭目以待。

案例42 新加坡银行业区块链项目Ubin

2016 年年底，新加坡金融管理局（MAS）与 ConsenSys Solutions 和 JP Morgan 的 Quorum 等多家金融机构和企业区块链技术公司合作，共同创建了 Ubin 项目。它成功地实施了实时总结算（RTGS）系统，具有完整的交易隐私性和结算最终性，同时防止了单点故障（见图 3-14）。Ubin 项目通过实施区块链平台有效地重新构想了新加坡的机构基础设施。

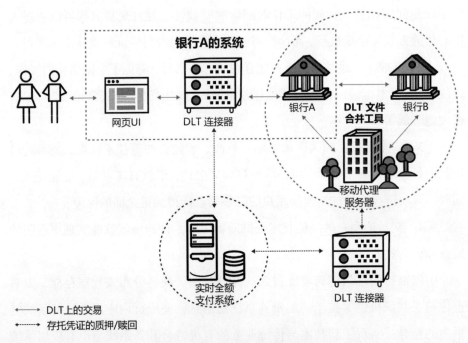

图3-14 实时结算系统业务流程图
（资料来源：根据网络资源整理。）

通过试验旨在提高透明度和提高效率的技术，MAS 表示已准备好对已建立的流程进行未来验证。通过启动 Ubin 项目，MAS 巩固了其在银行创新和行业领导最前沿的地位。

MAS 与国际银行、分布式账本技术和区块链提供商组成的财团合作开展了一个分为三个阶段的演习。

第一阶段包括围绕区块链技术潜在应用的研究和可行性研究，该研究探讨了：

- 中央银行货币代币化的好处和陷阱；
- 优化当地参与银行之间的支付结算；
- 启用跨境交易的步骤；
- 有效数字化付款方式。

第二阶段着重于如何在日常结算和清算过程中使用区块链平台和令牌化技术来启用 RTGS。在第二阶段，MAS 与 ConsenSys Solutions 和 JP Morgan 的 Quorum 企业区块链平台合作。它们一起成功地证明了代币化的新加坡元如何可以用作银行间日常结算的手段。

该项目的成功将改变国际金融格局。Ubin 项目的结果证明，银行间交易、跨境汇款和令牌化证券可以使用具有完整结算最终性和交易私密性的分布式账本技术进行结算。关于此计划的进一步工作旨在将解决时间从 T+3 或 T+2 降低到 T+0，减少结算时间。通过允许进行交易审批和该交易执行的同时操作来实现 RTGS，从而实现了分散式价值网络的最初承诺。

在第二阶段结束时，MAS 提供了对练习中的代码和支持信息的开源访问。南非储备银行（SARB）利用这些知识和共享的代码库来构建 Khokha 项目。Khokha 项目是 ConsenSys Solutions 区块链计划的又一个里程碑，该计划增加了交易量和网络弹性，同时保持了实时总结算的机密性要求。

第三阶段探索了代币化本国货币的潜力，并通过区块链技术实现了跨境支付。

Khokha 项目后来被全球央行论坛"中央银行"确认为 2018 年"最佳分布

式账本计划"。通过分享其发现，MAS 积极鼓励新加坡金融机构在全球范围内采用区块链解决方案。

案例43　菲律宾i2i项目

2016 年年底，菲律宾联合银行开始了对区块链应用程序的内部探索，并首次设想将该技术应用于菲律宾的普惠金融。从这个愿景出发，2018 年 i2i 项目诞生了，它基于以太坊的支付网络，用于连接菲律宾的农村社区银行。作为传统上没有主流支付网络和基础设施的乡村银行之间相互连接以及与国家商业银行连接的平台，i2i 项目旨在实现并促进该国偏远地区的金融交易。

i2i 项目的解决方案由一个 Web API 和一个区块链后端组成。该 API 允许银行的 API 和 / 或核心银行系统连接到区块链后端。该连接处理密钥管理，并允许参与者构建签名交易并将其发送到通过 ConsenSys 的 Kaleido 平台部署的许可在 Quorum 区块链上运行的智能合约（见图 3-15）。通过 API 指示的已签名交易触发了智能合约的三个关键功能：

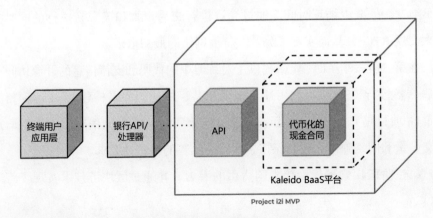

图3-15　i2i项目MVP架构基本概述

（资料来源：根据网络资源整理。）

・抵押对应于链下银行账户中的菲律宾比索的数字代币；

・兑换数字令牌；

・在平台的用户之间转移令牌。

通过这种方式，数字令牌可用于通过一个平台的消息传递、执行、结算和交易记账进行合并，从而指导和结算参与的农村银行之间的汇款。

至于客户方面，项目在实地研究中发现，村民在日常活动中享受到了银行的社交互动。在不破坏农村银行客户当前的用户体验的基础上，以保持客户的"高接触"体验以及与农村银行员工直接互动的方式设计解决方案，菲律宾联合银行开发了一个自定义用户界面，该界面允许乡村银行的员工直观地操作该平台。

尽管目前 i2i 项目的实施仍在很大程度上依赖于联合银行发行和赎回代币化的现金，但此设计决策的目的是使我们指导农村银行时测试和试用该解决方案。未来的迭代将朝着更加分散的设置发展，使其他参与者可以运行节点并为令牌化和交易处理做出贡献，这将完全实现使用区块链技术的好处。

根据海外媒体发布的结果，i2i 平台在 2019 年与 130 家农村银行合作推出商业化版本。[①] i2i 项目已获得菲律宾中央银行（Bangko Sentral ng Pilipinas）的批准和支持，将成为该国第一个基于以太坊的国内资金转账支付网络。UnionBank 和 ConsenSys Solutions 现在正在努力使用由 ConsenSys Solutions 另一个计划 Ubin 项目开发的技术来扩展该平台，以包括国际资金转账。菲律宾联合银行致力实现将银行服务扩展到菲律宾农村地区服务不足的市场的目标。

---

① Project i2i: Blockchain Case Study for Payments in the Philippines[EB/OL].
https://consensys.net/blockchain-use-cases/finance/project-i2i/.

三、场景 3：区块链与金融征信

（一）金融行业与互联网金融征信现状与痛点

个人征信是金融行业的一块基石，更是维持个人金融业务的生命线。传统征信在方便个人信贷、辅助金融授信决策、防范信用风险和提升金融获得性等方面发挥着关键作用，但其在互联网金融领域的局限性不容忽视。一是全国还有近 5 亿人口没有在持牌金融机构的信用活动，从而不被其所覆盖。二是随着"互联网 +"的发展，互联网上产生、沉淀了大量与个人征信相关的数据，目前还难以被其采用。互联网金融在繁荣发展的同时，由于出现的时间较短，自身风险防控能力较弱，信用评估、风险定价和风险管理等方面都不完善，问题事件不断涌现。

随着互联网消费模式如消费金融和在线借贷等的快速增长，以及快速发展的大数据技术，大数据信用服务机构也开始不断涌现。但是，多元化、多层次的信用信息市场体系的构建面临着一系列挑战，许多问题尚未解决，仍面临着如下的限制。

1. 信用信息采集覆盖率维度单一

征信机构通常采用的信息搜集渠道主要有大数据和互联网交易平台等，尽管有着广泛的信息获取渠道，但信息缺乏等多种情况也一直存在。互联网信用信息覆盖范围在这些因素的影响下较为不完整，许多互联网公司在建立自己的客户信用信息数据库时不能完全依赖中央银行信用信息系统。

2. 少数公司垄断信用数据

虽然每个互联网公司都主张互联网的共享、开放和透明，但事实上，数据是通过大量资源收集和挖掘的，是各公司的绝对内部资源，目前还缺乏数据共享的利益机制。信用数据库是人才、技术、时间和空间以及规模经济的累积。

3. 互联网系统数据平台与央行征信系统无对接、数据不共享

中央银行与金融机构、事业单位和企业之间的信用信息共享问题一直是制约信用报告业整体发展的瓶颈，也对大数据征信业的发展产生了重大影响。如今，摸索构建自己的客户信用数据库是信用报告公司的常见情况。

（二）区块链技术如何解决征信问题

区块链具有去中心化、去信任、时间戳、非对称加密和智能合约等特征，主要应用于征信的数据共享交易领域。例如，面向征信相关各行各业的数据共享交易，构建联盟链，搭建征信数据共享交易平台。

首先，从个人层面来说，区块链能帮助用户确立自身的数据主权，生成自己的信用资产。这是个人信用产生的基础，也是用户将来的重要资产来源及保障，同时也有利于征信机构信用生产成本的降低。

其次，受益于密码学的诸多成熟技术，对征信数据进行加密处理，或者直接采用双区块链的设计来确保用户征信数据在区块链上绝对安全。这样，个人征信数据直接可以在区块链上做安全交易，那么用户的交易数据将来可以完全存储在区块链上，成为其个人的信用，所有产生的交易大数据将成为每个人产权清晰的信用资源。不止于此，区块链还能在人与人之间公开透明

地收集和共享数据。这样，就可以将散落在私人部门及公共部门的"全部"个人数据充分地聚合起来，取之于用户而用之于用户，促进数据的开放共享与社会的互联互通。

（三）区块链 + 征信案例

—————— 案例44　华为云区块链联合征信解决方案 ——————

在 2019 华为全球金融峰会上，华为发布了区块链联合征信的解决方案，深度布局金融服务数字化。华为云借助区块链可追溯、共识机制等特性，解决了金融行业信用信息不准确，获取成本高的问题。打破"信息孤岛"的坚冰，加快信用数据的汇聚沉淀，以低成本建立共识信任，助力金融行业信用体系的高速、健康发展。

传统金融信息系统遇到的挑战包括以下几点。

• 信息孤岛现象严重，汇聚数据困难：信用信息分散在各个机构，如银行、法院、电信运营商等，数据之间无法互通，信息孤岛问题严重，金融机构无法有效判断出客户的征信信息。

• 传统采集方式耗时耗力，数据采集难：信用数据不同于其他行业数据，所属用户是最为重要的数据标签，涉及企业和个人的切身利益，因而安全要求严格，通过传统方式进行共享交换成本较高。

• 传统技术存在缺陷，无法保障数据安全：传统征信系统技术架构对用户的关注度较低，并没有从技术底层保证用户的数据主权，难以达到数据隐私保护的新要求。

• 数据修改追溯困难，难以保障一致性：传统模式下，征信数据传输缺乏有效监控，一旦出现数据异常，会影响金融机构业务，造成资金损失，同时很难回溯问题原因。

针对上述问题，华为提出了基于区块链架构的解决方案，以分布式存储、点对点传输、共识机制与加密算法等技术，屏蔽底层复杂的连接建立机制，通过上层的对等直联、安全通信和匿名保护，加速打破"信息孤岛"的行业坚冰，加快各行业信用数据的汇聚沉淀，加强用户数据的隐私保护，以低成本建立共识信任，以新模式激发行业新业态、新动力（见图3-16）。

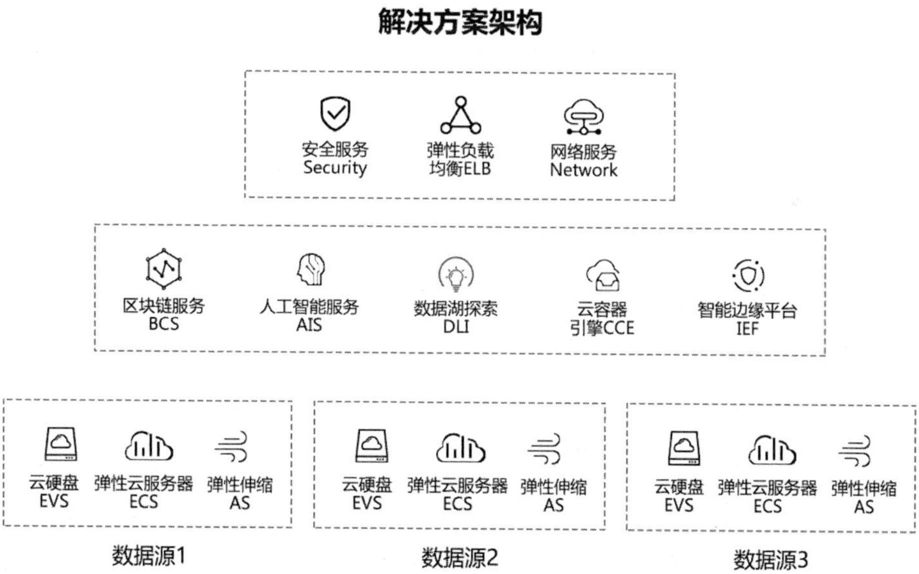

解决方案架构

图3-16　华为区块链联合征信解决方案架构

（资料来源：华为云官网。）

该解决方案架构的优势包括以下几点。

•隐私保护：确保信息主体隐私权，实现数据隐私保护，除了数据共享交易参与的各方，不会有任何第三方可以获得数据。

· 提升维度：有效提升征信数据维度，有助于征信机构以低成本方式拓宽数据采集渠道，并消除冗余数据，规模化地解决数据有效性问题，还可去除不必要的中介环节，提升整个行业的运行效率。

· 共享交易：面向征信相关各行各业的数据共享交易，构建一条基于区块链的联盟链，搭建征信数据共享交易平台，促进参与交易方最小化风险和成本，加速信用数据的存储、转让和交易，促进征信数据共享。

· 数据可信：基于区块链的征信数据共享交易平台，解决了传统征信业的痛点，是征信业革命性的创新，重构了现有的征信系统架构，将信用数据作为区块链中的数字资产，有效遏制数据共享交易中的造假问题，保障信用数据的真实性。

─────── 案例45　众享比特金融行业区块链黑名单共享平台 ───────

众享区块链数据共享平台是北京众享科技公司研发的一个提供数据资产和服务的联盟链生态系统。平台连接数据生产者和消费者以及提供定价的许可框架来促进发展，任何上链的数据均需通过联盟方制定的数据合约来保障数据的安全与合规，以此打破数据孤岛、均衡各参与方的数据。

2018 年 2 月 28 日，苏宁金融宣布与众享比特达成合作协议，基于众享区块链数据共享平台上线区块链黑名单平台系统共享，通过应用区块链技术把几家金融机构联盟之间的黑名单放到链上共享，将存证链与交易链相结合，数据通过数据区块链（数据链）传输，积分通过交易区块链（交易链）流转。在分享和流转的过程中，对数据进行脱敏处理，机构间匿名交易，一次一密，以便保持系统稳定性并降低金融机构数据共享的维护成本（见图 3-17）。

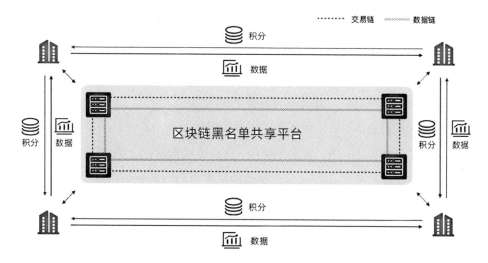

图3-17　众享比特区块链黑名单共享平台数据流转流程图
（资料来源：根据网络资源整理。）

该黑名单共享平台在 Fabric 联盟链基础上实现了国密算法，主要包括添加、查询、删除黑名单及投诉四大功能，其特点主要包括以下几点。

· 平台功能强大：实现国密算法，金融机构将本机构产生的黑名单数据作为一个交易发布到区块链上，发布即可获得积分，用于查询其他机构发布的黑名单数据；设置投诉服务，当发现的黑名单数据造假时，查询机构可在系统中追溯数据提供方。

· 重视数据安全：基于区块链、密码学等技术，该平台全力保障黑名单数据的安全、保密和隐私保护。所有上链数据中的身份证号码、姓名等客户隐私信息，一律经过脱敏处理后加密存储。与此同时，客户贷款金额、逾期天数等敏感信息，则都经过标签化处理后保存到区块链上。更重要的是，该平台创造性地采用了匿名发布查询机制，查询数据的机构和被查询机构均为匿名操作，充分保护了金融机构的商业机密。

•助力行业健康发展：该区块链黑名单共享平台中设立了去中心化的联盟管理委员会。该委员会将陆续吸纳国内多家银行机构、消费金融企业、互联网金融平台加盟，充分发扬区块链技术去中心化、去信任化的特点，公开、民主、对等地管理联盟，制定业务标准和业务规则。

通过区块链技术，该平台实现了无运营机构的去中心化黑名单共享模式，解决了黑名单数据不公开、数据不集中、获取难度大等行业痛点，且成本低廉，有效降低了金融机构的运营成本，更保护了客户的隐私和金融机构的利益。

案例46　区块链福费廷交易平台

2018 年 9 月，由中信银行、中国银行和民生银行联合设计开发的区块链福费廷交易（以下简称"BCFT"）平台正式上线。上线不到一年的时间内，BCFT 平台累计交易量高达 200 亿元，银行机构反响强烈，有 30 余家银行机构加入或明确加入意向，该平台已成为国内银行业最大的区块链贸易金融交易平台，在区块链创新领域处于业内领先地位。

2019 年 9 月，中信银行、中国银行、民生银行、平安银行同时上线扩容升级后的 BCFT 平台。平台升级后，统一了银行间的福费廷业务协议，推出了《区块链国内信用证福费廷业务主协议》。经过此次升级，BCFT 平台融合区块链技术和多家银行业务共识，提供了银行间线上签约的解决方案，主协议创新性地采用单边开放式形式，签署后即在已签署主协议的各签署方之间生效，单个银行签署主协议后上传至区块链平台，解决了互相签署协议的难题，极大便利了银行间业务关系的建立，也有利于银行联盟区块链的扩大。

BCFT 平台以福费廷业务为应用场景，充分发挥区块链技术去中心化、不可篡改、高透明度、强安全性等特点，是真正意义上实现了多节点、分布记账的联盟链模式。该平台功能覆盖国内信用证福费廷业务询价报价、资产发布等全部环节，实现交易流程数据化、自动化、智能化，可有效解决跨行间福费廷业务互信度不高、业务处理效率低等难点、痛点。

（1）通过密钥身份认证、资产核心要素验证、智能信用评级等方式确保资产信息真实、唯一、有效，有利于规范交易、稳定市场价格、便利化操作和节约交易成本。

（2）通过联盟链架构集合了资产发布、资金报价、offer要约、债权转让等一系列环节，实现了"一站式"服务，有效避免意向达成后交易拖延的情况发生，最大化缩减交易成本、提升融资效率。

（3）将交易核心数据统一化、标准化后上链，通过智能合约、共识机制、分布式数据库，配合 Business Point 定制开发，在求同存异的前提下，高度一致化核心交易环节，极大降低多交易主体之间在文本、要素、流程匹配方面的无效摩擦，让平台实现跨行间福费廷交易的顺利进行。

BCFT 平台采用的"云＋区块链"的业务模式，一方面可以降低系统开发成本，攻克协调沟通难度大等痛点，协助中小银行梳理标准业务流程，有效打造中小银行参与的生态圈，让业务实现数字化、系统化、便利化、统一化。另一方面，平台还可以整合各银行的技术与特长，推进行业整体标准提升，最终把银行与银行、银行与其他机构、企业连接起来，在共享共建的交易圈中取长补短，构建高效、合作、共赢的金融生态圈。

案例47　京东白条ABS

2018年6月，"京东金融－华泰资管19号京东白条应收账款债权资产支持专项计划"设立，并将在深交所挂牌转让。京东金融建立多方独立部署的联盟链，对 ABS 云平台区块链底层技术进行升级。

ABS，即资产证券化（Asset-Backed Securitization），是指以基础资产未

来所产生的现金流为偿付支持，通过结构化设计进行信用增级，在此基础上发行资产支持证券的过程。简单讲就是把缺乏流动性的资产打包，变成可在金融市场上出售和流通的证券。

ABS 能够实现"主体信用与债项信用的分离"，因此，如果中小机构拥有优质的资产，就可以通过 ABS 获得低成本融资。但是，由于底层资产透明性差，债项评级的公正度无法保证，真正的分离无法实现。而在消费金融领域，底层资产借款项目众多，在资产池中动态进出用传统的技术手段难以进行精准的信用评估和动态调整；同时，评估方法中心化、不透明，难以取得投资者的信任。

由于区块链技术的去中心化、不可篡改、透明公开、智能合约等特点，在技术层面有助于 ABS 实现主体信用与债项信用的分离。区块链技术通过时间戳保证了每个区块按时间顺序相连，因此可以看到资产的"全生命周期"；其不可篡改和分布式的特点，有效提升底层资产的透明度，让各方对底层资产有了清晰明确的了解；而区块链的智能合约和分布式网络，能够提升各机构间的对账清算工作效率（见图 3-18）。

图3-18　京东区块链应用场景规划图
（资料来源：京东区块链白皮书。）

京东金融将 ABS 云平台区块链底层技术进行了完善，建立了多方独立部署的联盟链，先由各方在独立环境单独部署，再实现组网。同时还建立了支持各类资产的业务底层，旨在通过联盟链发行证券，各参与方将作为联盟链上的节点，以一种透明的方式记录交易。

京东区块链 ABS 解决方案全面使用了京东自主研发的 JDBaaS 平台，帮助资产方、计划管理人、律师事务所、评级机构、会计师事务所、托管行等 ABS 业务参与机构优化业务流程，提升 ABS 发行业务效率。

京东数字科技对外公开的数据显示，通过 JDBaaS 平台提供的组网方案，两天内就可以完成一个新的 ABS 业务节点接入。[①]　与原有技术方案相比，可减少 85% 的部署时间，每年每个业务节点可节约运维成本超百万元，同时还有效提升了业务参与机构间的系统透明度和可追责性，更好地保障了金融相关数据的安全使用。

四、场景 4：区块链与保险

（一）保险行业设计、销售、赔付现状与痛点

保险的本质是风险的经营和交易，而保险行业最大的痛点就是如何解决投保人与保险公司之间信任的问题，这是制约保险业发展的瓶颈。由于保险公司与投保人存在着信息的不对称，保险欺诈现象时有发生，导致保险公司蒙受损失。为防范这种风险，保险公司只好用提高保费、缩小保障范围等手段，

---

① 京东数科ABS标准化解决方案获行业认可[EB/OL]．[2020-01-02]．https://www.sohu.com/a/364264291_162522.

将这些潜在的风险转接到投保人身上，但这不利于整个行业的健康发展。

另外，各家保险公司依靠大数据法则进行产品开发和营销，但各保险公司之间信息不共享，保险公司与相关生态之间的信息也不能共享，数据孤岛问题加大了保险公司自身的经营风险，也严重影响了保险行业的壮大。

由于中国保险行业发展时间不长，资金结算、业务流程、服务水平等相对滞后，这也是保险行业面临的几个大问题。其中关于理赔的服务，是制约保险行业发展的一大痛点。艾瑞咨询发布的《中国互联网财产险用户调研报告（2018）》显示，在受访的 2014 名尚未购买保险的用户中，未来仍不愿意购买保险的用户占比 20.1%，[①] 主要原因除了保险条款设计复杂、不易理解之外，容易产生理赔纠纷、理赔周期过长等问题也是影响他们决策的重要原因。

（二）区块链技术如何赋能保险行业的各个环节

保险的本质是风险的经营与交易，保险业务参与方较多，更需要以开放、可信的方式连接各参与方与各参与主体，从而进行数据和业务流程的共享、验证和交互。区块链被称为"信任的机器"，具有良好的开放性和连接性，能有效解决数据的唯一性、连续性和不同参与方之间的互信问题。

首先，打通保险业务价值的数据孤岛，预防保险欺诈。由于区块链的不可篡改和公开透明性，保险公司可以用发展区块链联盟的方式消除保险业中常见的欺诈源，将保单信息在联盟链之内进行共享，防止用户的欺诈行为，提升业务协同效率。

---

① 中保协联合艾瑞咨询发布《2018中国互联网财产险用户调研报告》[EB/OL].[2018-07-16].
https://www.sohu.com/a/241482784_201420.

其次，打通数据孤岛，可以帮助保险公司更好地进行产品设计和营销，保险公司不再只是通过提高保费的方式对风险进行管控，而是能积极促进更多碎片化、场景化的新保险产品开发与服务延伸。另外，由于保险业的本质是分散风险、互助共济，因此，结合碎片化、场景化的新保险产品，也是实现普惠保险的重要一步，对于扩大保险公司的产品池意义重大。

最后，区块链技术中的智能合约使理赔实现自动化，保险公司不需要投保人提交理赔申请，也不需要传统的批准理赔环节，只要触发理赔条件，保单自动理赔，支付理赔金额。它大大提高了保险公司的运营效率、降低了运营成本、优化了客户服务、提升了用户满意度，对于整个行业的形象和美誉度都将带来极大的转变。

麦肯锡研究报告指出，保险业在各行业区块链应用中占比为22%，位居第一位。波士顿咨询研究也表明，区块链的深度运用将使全球财产保险公司的运营成本降低5%～13%。虽然区块链在保险业的应用尚处在早期研发和试水运营阶段，要彻底更新传统保险业务流程，重塑保险行业生产体系、服务体系，还需要监管与法律的创新与支持，也需要时间沉淀和区块链技术自身的完善更新。

（三）区块链＋保险案例

—————— 案例48　上海保交所区块链保险服务平台 ——————

2017年9月，上海保险交易所正式推出区块链保险业务平台——"保交链"，旨在为全行业保险交易提供区块链基础设施，构建稳定、高效、安全的保险交易环境，引领行业科技进步与创新发展。

利用信息不对称骗保、投保人客户信息流失被盗卖、赔付效率不高等痛点，长期制约着保险行业的健康发展。保交链的上线则是为了在金融创新的背景下探索如何运用区块链提高保险交易效率、保障保险交易信息安全。保交所区块链技术团队遴选了较符合保险行业联盟链的开源底层作为改造的基础，同时确定了运维监控改造、软件开发工具改造、国密算法改造等三大改造方向。

不同于其他区块链，保交链在安全体系、灵活部署以及应用开发三方面具有显著特色。

（1）保交链研发并装载了支持国密算法的 Golang 国密算法包，并与上海交通大学密码与计算机安全实验室合作进行了有效性和安全性测试，使得保交链在实际运用中将更加安全可控；保交链支持国际标准密码算法，可满足国际化业务的安全要求。前期，保交所与上海交通大学密码与计算机安全实验室签订了框架合作协议，致力打造安全可靠的区块链底层技术平台，推动金融系统密码算法国产化。

（2）保交链节点可以按照企业的需求实现本地部署及保交所云平台托管部署两种部署模式，缩短部署周期，降低开发成本，方便不同类型机构的快速接入。

（3）保交链提供便捷高效的应用开发界面，通过 API 统一接口服务及功能分离的软件开发包（SDK），满足开发者在应用开发、系统管理及系统运维方面的需求，支撑业务场景敏捷开发、快速迭代（见图 3-19）。

图3-19　保交链底层框架
（资料来源：根据网络资源整理。）

除此之外，保交链还兼具以下四个特性。

（1）监管审计：监管 CA 配置模块，可满足监管方面审计要求和业务方合规要求。

（2）性能可靠：通过性能优化、配置参数调整及高效的应用设计，可以达到企业级应用的性能要求。

（3）监控运维：完善的监控系统实时监控区块、交易、网络、CPU 内存及存储，全面关注区块链网络健康状况，实现系统层及应用层实时预警功能。

（4）多链架构：底层架构均衡考虑了系统性能、安全、可靠性及可扩展性，引入"通道"概念，实现了不同业务的数据隔离及访问权限控制，提供丰富的智能合约模板，保交链可支持一次底层部署多链运行。

保交链的正式上线，直击保险交易领域信息不共享、信息不对称等长期痛点，借力金融科技加速行业科技进步，有助于提高保险业运行效率，打造保险交易信任机制，加速金融创新与产品迭代速度，让保险在更大范围、更深层次惠及群众和社会，推动保险业的产品与服务不断发展；有助于进一步服务实体经济、防范金融风险，促进保险业供给侧结构性改革，提升我国金融创新能力。

—————————— 案例49　AXA航空延误险 ——————————

法国保险巨头安盛 AXA 在 2017 年 9 月 14 日推出了一项用于管理航班的区块链保险系统——Fizzy，它是一个基于以太坊平台的智能合约网络，通过扫描数据来源获取航班延误信息。如果这些航班延误符合保险合同中所规定的偿付条件，就会自动触发赔付。

旅行保险不是一个全新的概念，关于取消行程、丢失行李的赔偿政策可追溯到 19 世纪末期。由于恐怖主义和极端天气的影响，过去几年，旅行保险的出现频率越来越高。但是，保险行业并没有跟上创新的步伐，尽管保险业务和初创公司出现大量增长，但主流政策结构和执行方式仍与 50 年前大致相同。

在众多的保险公司进行大量探索后，AXA 将区块链技术引入航空保险业务领域，开发了 Fizzy 系统。这套系统是新兴的"参数保险"的一个分支。有别于补偿损失，它本质上属于一种基于触发事件的预支付。

在传统的保险体系中，对大公司而言，参数化保险具有简化风险管理、降低成本、提高客户满意度的潜力，但是由于信用体系不完善等问题也面临较大的风控风险。此外，正如大多数人所经历的，保险索赔通常需要漫长的等待和烦琐的手续。

区块链技术的出现让保险基于预付的机制有了可控的风险体系，这是区块链技术对保险行业产生最重大影响的地方。区块链提供的信任机制在技术平台上执行，参数化保险可以"小范围"地涵盖更多的事件，覆盖更广泛的受众。同时，区块链平台可以满足收据保存的需要，并给予提交文件和请求发放的授权，使获赔变得更加便利。

Fizzy系统的试点只覆盖了戴高乐机场和美国之间的直航航班，该试点项目的创新不仅在于使用了区块链技术，而且更好地表现在营销策略以及所选择的区块链与航空技术相结合的侧重点上。目前，只有少数独立的区块链创业公司运营飞行保险，Fizzy系统是第一个由航空公司发起的项目，也是首个进入主流市场的项目。这个小型的区块链保险试点，让我们看到了未来10年区块链在航空保险领域应用的可能。

Fizzy虽然是航班上第一个主流区块链保险的试点项目，但是在2018年年底就停止了运营，具体原因我们无法得知。不知道是不是受到Fizzy项目的启发，市面上也有其他的公司在提供相同的服务，如欧洲的Etherisc。相信随着区块链技术的发展，它可以扩展到其他类型的交通工具，最终渗透到企业运营和个人生活中。

——— 案例50　众安保险——区块链保险"飞享e生" ———

2018年10月18日，众安科技联合工信部中国电子技术标准化研究院等机构发布《基于区块链资产协议的保险通证白皮书》，在开放资产协议基础上推出保险通证，实现保险资产的通证化。众安保险的航旅出行综合保障"飞享e生"成为首个保险资产通证产品。

"飞享e生"的形成分三步：第一步定义详细的产品智能合约与详细的产品生命周期，它包括了一个主险七个附险，每个附险都蕴含一个产品状态机，例如"飞享e生"蕴含投保、理赔、退保、续保、再保等状态；第二步当用户购买"飞享e生"后，会形成一个保险通证（一种权益凭证），直接映射一个实例化的保单；第三步用户可以通过可视化的通证钱包，查看自身的通证列表（见图 3-20）。

解决你的出行风险

图3-20　众安保险"飞享e生"产品

（资料来源：众安保险官网[EB/OL]．https://www.zhongan.com/p/82761035.）

　　之所以各大保险业巨头都在探索区块链这项技术，是因为区块链技术在保险领域可以解决多个痛点。例如，在保险市场的保单信息流转环节，目前仍然高度依赖人工沟通协调，而且交易形式也多是手工统计。而保险共保的投保周期动辄长达数个月，让用户与企业都感到费时费力，并且由于用户数据需要在多家保险公司同时流转，存在敏感数据丢失泄露的风险。另外，当用户申请保单质押贷款时，往往出现因用户还款超时导致保单提前失效、保单价值无法实现利益最大化、其他机构使用该保单资产需要经过烦琐的确认认证等问题。

　　基于区块链技术的智能合约有助于提升保险行业的效率。在保险事件发生并满足保险赔付条件的情况下，智能合约可自动执行代码指令，启动保险理赔程序，实现划款赔付，还能减少传统保险赔付路径中大量的人工操作环节，赔付效率得到了质的提高，减少了运营费用。

　　当保险产品应用区块链技术，即产品完成通证化后，保险条款将更加透明，同时由于各家保险产品具备一致要求规范和标准 API，因此用户可以统一化管理自己在所有保险公司的保险资产；保险公司也将在再保、共保、渠道对账等场景下大幅降低对接的成本和数据审核成本。对于数据隐私问题，保险通证相较传统数据隐私保护更加周密，因此保险公司不需要用户的真实投保信息即可获得实际投保总额，并且以通证方式进行数据隐私保护，将全部或部分的隐私数据按照数据归属进行保存。只将数据确权后的哈希值进行保存，形成数据确权基础上的数据开放，最大限度地将数据归还用户。

但是目前我国关于区块链技术在保险行业应用方面的法律法规尚处于空白状态，跨界监管同样存在难度，还需要完善监管体系，提高监管水平，这样才能使更多值得信赖的保险产品出现，更好地为我们的生活保驾护航。

—— 案例51　相互宝使用区块链处理新型冠状病毒肺炎索赔 ——

相互宝作为支付宝的一个重大疾病互助计划，功能类似于消费型重疾险。相互宝并不以保单形式呈现，而是一个基于区块链的大病互助理赔共济平台，简单地说就是"一人患病，众人平摊"。

在 2019 年年末和 2020 年年初的新型冠状病毒肺炎疫情暴发期间，相互宝已使用区块链来管理与新型冠状病毒肺炎相关的索赔。相互宝已将新型冠状病毒肺炎添加到符合资格的疾病中，一次性最高赔付额约为 100 000 元人民币。全国已有超 1 亿人加入了支付宝上的大病互助计划相互宝。[①] 相互宝通过区块链公开、透明、不可篡改等技术特点，保证不会有骗保和赖账的情况发生（见图 3-21）。

---

① 相互宝使用区块链处理冠状病毒索赔[EB/OL]．[2020-02-10]．http://m.techweb.com.cn/article/2020-02-10/2776264.shtml．

图3–21　相互宝App页面图
（资料来源：根据网络资源整理。）

目前，保险公司面临着信息交换效率低下、再保险责任评估复杂、数据来源分散、使用中间商以及人工索赔审查和处理环境等问题。欺诈和客户服务作为保险行业两大传统挑战，可以通过区块链技术得到改善。在新冠肺炎疫情中，为了让核赔、理赔工作快速、有效地展开，多家保险平台开通了快速理赔绿色通道。在核赔方面，由于人工服务在疫情中无法很好地配给，多项智能化技术被应用，区块链技术在保险中的应用也受到重视，区块链确保记录不会被任何方式更改，并且可以完全准确地验证。

借助区块链的赋能，保险行业的理赔流程可完成全新迭代，并实现理赔效率的飞速提升。一方面，基于区块链技术的电子发票作为理赔凭证，会在生成、传送、储存和使用的全过程中盖上时间戳，既保证了发票真实性，又节省了人工审核环节，大大简化了理赔流程；另一方面，区块链智能合约保证了保险合同、条款的公开透明，一旦满足理赔条件便自动触发赔款流程，由此大大提高用户的获得感与体验度。

作为风险管理行业，无论是平时，还是面对突如其来的疫情，保险业相比其他行业都应该对维护公共卫生防疫体系，应对公共卫生事件负有更多的责任。保险行业属于数据密集型行业，既是数据的收集者也是数据的使用者，海量的寿险、健康保险数据可以帮助健全公共卫生防疫体系，更好地应对公共卫生防疫中出现的风险，而这些大数据管理和运用效率的发挥需要通过科技创新来实现。

相互宝的出现，从模式和流程，都在尝试解决这个问题，是区块链理念应用的典型案例。区块链具有去中心化的特点，可以帮助降低成本，改善风险评估。它还可以将索赔提交流程从注册更改为评估和支付，有一个简化且安全的环境来自动化完成这些工作，将从根本上减少欺诈并提供更好的客户体验。

—— 案例52 安永区块链航运保险平台 ——

由于我们在日常生活中对航运业的接触比较少，所以大多数人对于航运保险不是非常了解。我们可以换个角度，从大家熟悉的汽车保险来解释，如果汽车保险报价不仅要与保险公司协调，还要与交通部、警察局以及政府监管机构协调会怎么样？如果每次穿越省界州界，甚至开车进入社区时，汽车的保险政策都会发生变化怎么办？如果保险费率根据车辆中的人以及行李箱中携带的物品而发生变化会怎样？

以上的这些问题也正是航运公司在保险方面面临的挑战。船舶的维修状态、船员构成、排放指数、挂国旗以及当前位置等因素都会影响保费构成。例如，大多数船舶进入索马里海域等高危地带时，保险费会随之上调。

2018年5月25日，安永和Guardtime与其他保险业领导者合作，推出了Insurwave，这是世界上第一个基于区块链的海上保险商用平台。Insurwave集成并保护涉及确保全球货运的各种数据源流。

正如上文中提到的问题一样，当前的海运保险费用市场机制也十分低效。目前，海运货物保险理赔程序都是手工进行操作的，代理商需要以纸质或PDF 形式收集所需的文件（包括损坏报告、费用清单以及保险单），并在之后通过电子邮件共享这些文件。在国际海运市场中，由于涉及跨国协作，监管合规性也极具挑战，合同条款拟定和保险索赔旷日持久。

Insurwave 将客户、经纪人、保险公司和第三方关联起来，并将其写入分布式公共账本，这些账本含有身份与风险数据，据此生成保险合同。该解决方案拥有多方资产数据维护能力，接收定价信息、连接政策与客户资产、验证最新通知，从而完成交易和付款。该区块链系统可将长达一个多月的保险赔付期压缩到不到一周的时间，大大提高了效能和运作效率（见图 3-22）。

解决方案示例

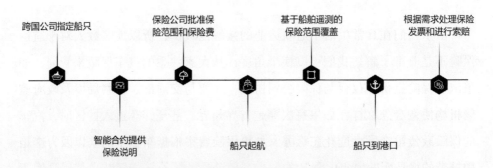

图3-22 航运保险示意图

（资料来源：根据网络资源整理。）

基于 Insurwave 区块链平台，传统海运保险的费用大为降低，航运公司的资产和货物安全得到了保障，保险合规性大为提高。同时，根据测算，渠道费用可以减半。此外，各方据此可以实时掌握高价值资产的动态，实现了精准定价和快速理赔。马士基已经使用 Insurwave 区块链平台对旗下 800 余艘集装箱船进行年度保险续期，[①] 通过授权，经纪人和保险公司得以访问数据库，船舶位置、装载货物等信息一目了然，没有延误，不会出错。

案例53 AIG、IBM和渣打银行联合推出首个基于区块链的跨国保单

2017 年 6 月 15 日，美国国际集团（AIG）、IBM 和渣打银行成功推出首个基于智能合约的跨国保单，该保单采用了分布式账本技术。借助区块链解决方案，可将承保流程的可信度和透明度提升至新的高度，从而帮助 AIG 和渣打银行更高效地交付跨国保险服务，协调多个跨国保单的管理和配售工作。

AIG、渣打银行和 IBM 将一个在英国承保的跨国管控总保单和三个分别在美国、新加坡和肯尼亚承保的当地保单整合至智能合约中。该合约能够实时提供保单数据和文档的共享视图。此外，他们还能在当地以及总部查看保险责任范围和保费支付情况，并在完成付款后，自动向网络参与者发送通知。该试点解决方案还能将第三方纳入网络中，如保险经纪人、保险审计员和其他利益相关方，为他们提供有关保单和付款数据及文档的定制化视图。

三家公司之所以选择在跨国风险转移领域实施跨国保单计划，因为这是最复杂的商业保险领域之一，他们希望借此了解区块链如何减少与保险价值链的其他领域的摩擦并且增强其可信度。

区块链是一个不可篡改且高度安全、透明的共享数字化账本技术，它能

---

① 区块链给海运保险行业带来巨大变革[EB/OL]．［2018-09-05］．https://www.chainnews.com/articles/982260729393.htm?from=groupmessage．

够为所有参与者提供单一、真实的视图，同时根据参与者的权限有选择性地为他们提供相应的权限。它能够记录和跟踪每个国家 / 地区与保单有关的事件和相关付款信息。没有得到网络其他参与方的同意，任何一方都无法修改、删除、增加任何记录。得益于如此高的透明度，欺诈和错误明显减少，同时所有参与方不需要相互联系就能查看保单和付款数据以及保单状态。

保险行业有很多利用先进区块链技术的机会。从消除信息孤岛到提高效率，区块链能够帮助保险行业解决各种各样的大难题，也就是说，区块链能够在保险行业真正发挥巨大的影响，甚至能够引导保险行业开发新的业务模式。

—— 案例54　区块链保险产品鸿福e生尊享版百万医疗保险 ——

2018 年 10 月，轻松筹与华泰保险、中再产险联合发布首款全产业链区块链保险产品——鸿福 e 生尊享版百万医疗保险，打造"科技创新 + 健康保障"的商业模式。

鸿福 e 生尊享版百万医疗保险，是第一款将区块链底层技术运用到保险全产业链的健康险产品，旨在通过区块链技术的信任属性以及不可篡改的特性，实时打通前端渠道、中端承保、理赔和后端再保环节，赋予互联网保险高效率、高透明等势能。近年来百万医疗保险的低保费、高保障的性价比优势受到投保人的追捧，投保人数高速增长，但还是有不少人群对此类高性价比的健康险产品的停售风险心存疑虑。针对被保险人面临的产品停售风险，华泰保险联合中再产险、轻松筹共同开发"鸿福 e 生尊享版百万医疗保险"。

消费者可通过"轻松 e 保"微信公众号进行投保，投保信息成功提交后，"轻松 e 保"便会将消费者的信息上传至区块链系统，与承保方华泰保险、再保方中再产险实现信息实时共享，有效降低了成本，提高了效率。

在产品的特性方面，相较于通常的百万医疗保险，鸿福 e 生尊享版降低了用户的尾部风险，将停售后的尾部保障期间延长到最长三年，保证每一位保单持有人拥有足够的财务保障面对重大疾病风险。如果该产品停售，对于被保险人在保险期间内已罹患的重大疾病，自该重大疾病确诊之日起三年内的医疗费用，保险公司继续提供赔偿，从而保证被保险人已罹患的重大疾病可以得到有效治疗。

同时，鸿福 e 生尊享版百万医疗保险实现了渠道平台、保险公司和再保险公司三方数据的打通，实现了三者之间的信息共享。三方的合作使得数据在各个流程环节间及时传递，对保险公司、再保险公司调整每年续保费率、提高风险管理能力极具推动作用。此外，应用全产业链区块链技术也为直保公司、再保公司提升了经营效率，降低了保险产品的成本，是构建保险新生态、再保新模式的有益尝试。

从长远来看，鸿福 e 生尊享版百万医疗保险的出现，不仅帮助用户获得更高的保障权益，同时应用全产业链区块链技术也为直保公司、再保公司提升了经营效率，降低了保险产品的成本。

第四章

区块链在其他行业经典落地案例

BLOCKCHAIN

DEFINING THE FUTURE OF FINANCE AND
ECONOMICS

一、场景 1：区块链与旅游酒店

（一）旅游酒店行业市场发展现状与痛点

随着大数据、人工智能、区块链等技术的发展，人们的生活和生产方式发生了翻天覆地的改变。对旅游业的发展来说，新技术同样没有缺席。在旅游金融、供应链管理、酒店库存管理、旅游产品分销等领域一直活跃着区块链的身影。区块链被赋予了"颠覆者"的光环，通过区块链技术实现对旅游业的新一轮发展早已成为业内关注的话题。

旅游行业目前还存在出行效率低、旅游信息不对称、游客忠诚度低三大痛点。

以航空为例，乘客登机前要经历值机、行李托运、安检和边检等环节，办理过程相对烦琐。同时，由于一部分乘客对登记过程缺乏了解，需要按一定的指引程序完成，使得出行人员等待的时间过长，导致办理效率相对较低。

旅游业的数据库得以丰富的同时，也面临这些数据库被某些大平台垄断的尴尬局面，其造成的信息不对称的后果，限制了游客的视野，伤害了游客的合法权益。

很多游客会使用多个酒店和航空资源，这就意味着他们的消费积分和里程会在不同的供应商之间跳转，再加上忠诚度奖励模式落后等问题，使用户积分变得如同鸡肋。

（二）区块链技术如何赋能旅游行业

考虑到旅游业未来的发展，区块链技术将会彻底颠覆旅游业——旅游中间商或将难以赚钱，甚至会消失。因为利用区块链错综复杂的智能合约，按照事先制定好的规则，所有参与者只需按照规则操作即可，不需要也不存在一个中心化的机构来运营整个平台。参与者之间的交易是点对点实现的，也无须经过任何第三方。即消费者付钱，直接给到服务者，服务者收钱，省去中间的第三方，大大降低服务者在平台的运营成本。

利用区块链技术还可以帮助消费者验证酒店所有权，可以避免酒店信息虚假的情况。此外，由于所有的证件和身份信息都已经储存在区块中，被标记有欺诈风险的预订，已经不需要旅游业商家进行手动检查。通过区块链，就可以安全地访问游客信息。欺诈行为造成的损失相应大大减少。

有了区块链技术，消费者们不用担心出现超额预订的情况。超额预订已经成为游客出行中的主要痛点。通过使用区块链，乘客的预订将得到保障。

（三）区块链 + 旅游酒店应用案例

案例55　新加坡航空公司基于区块链的客户忠诚度KrisFlyer计划

与其让消费者购买其所销售的产品，更多企业还是希望让这些消费者忠诚于品牌。毕竟消费者的忠诚度对任何营利性企业而言都至关重要。忠诚的客户可以有效推广品牌，吸引其他潜在客户。因此，诸多企业纷纷实行各种忠诚计划和奖励，以培养和维持消费者的忠诚度，并吸引更多的客户。

实际上，忠诚度计划就是为了提高客户忠诚度。这些计划包括忠诚度积分、奖励和用于记录客户积分的会员卡。客户可以根据具体情况使用忠诚度积分获得品牌的奖励。

品牌和企业之所以投入大量的时间和资源到忠诚度计划上，正是因为看到了这些计划在巩固老客户和吸引新客户方面有很大的潜在收益。

然而，最大的问题在于，这些忠诚度计划真的值得吗？它们是否带来了预期的效果呢？

新加坡航空公司已经正式推出了基于区块链技术的客户忠诚度计划——KrisFlyer，新加坡航空公司的客户可以将旅行里程转换为付款单位，利用其飞行里程来支付汽油、食品和其他服务的费用。SIA 忠诚度计划的成员现在可以立即将 KrisFlyer 里程转换为 KrisPay（世界上第一个基于区块链的航空公司忠诚度数字钱包）里程，以便在全岛范围内的合作伙伴商户进行日常消费。

新航在新闻稿中说："创新的平台将使会员可以选择使用仅 15 KrisPay 里程（部分或全部）的支付方式在合作伙伴商店购物，只需支付 15 KrisPay 里程即可。"

区块链由于其分布式账本、交易和数据可被所有允许的各方无缝访问，并能通过及时维护事件和交易的防篡改记录来创建信任；其全球化发行、安全防欺诈、通过智能合约节约结算对账成本、由市场决定忠诚度积分价值、简单易用的报告和分析，以及支持跨境发行等特点，也有助于大幅提高客户群的忠诚度。

航空业中的区块链应用是使用分布式账本技术连接航空公司和参与商户，以便安全地共享客户信息并快速处理忠诚度积分和兑换。该案例包含多个使用场景，每个场景还包含一个移动应用程序，忠诚度会员可以检查积分状态并跟踪消费。在"单次消费和单次赚取积分"场景中，会员可以在购物后立即查看积分状态，并快速获得积分。自动化处理提升了效率，分布式账本交易则增加了透明度，航空公司的运营和管理成本也有所降低（见图 4-1）。

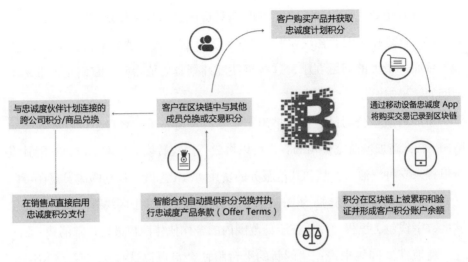

图4-1 忠诚度积分获取和使用流程图

（资料来源：根据网络资源整理。）

新加坡航空财报显示，KrisFlyer 忠诚度计划在 2019 财年的收入达到了 7 亿新元，比上一年同期增长了 18%。[①] 对于那些在一系列不同忠诚度计划之间切换的消费者来说，区块链能够在同一个平台上针对多币种的忠诚度积分提供即时兑换和交换服务。消费者只要有了一个积分"钱包"，就无须再查看每个计划的各种选项、限制政策和兑换规则。

—— 案例56 迪拜棕榈岛亚特兰蒂斯酒店基于区块链的支付系统 ——

在前面区块链跨境支付的章节中，已经给大家介绍了关于传统支付系统和基于区块链支付系统的区别，传统的支付工作流程中有太多的媒介影响支付的交易速度与安全性（见图 4-2）。

---

① ANNUAL REPORT FY2018/19[EB/OL]. https://www.singaporeair.com/saar5/pdf/Investor-Relations/Annual-Report/annual report1819.pdf.

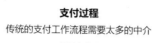

图4-2　传统的支付流程

（资料来源：根据网络资源整理。）

　　基于区块链的支付系统是没有中间商的，区块链的去中心化可以免去中间的任何机构，让客户直接支付的每一笔订单到商户的账户上。每一笔交易，都是不能篡改的。交易不成功就不会被扣款，交易的历史记录商家也不能篡改，如果有多扣钱的行为，一目了然，谁都可以在区块链浏览器里查看，这是区块链支付的优势（见图4-3）。

图4-3　传统支付与区块链支付的特点对比图

（资料来源：根据网络资源整理。）

　　迪拜亚特兰蒂斯棕榈度假村首先实现了酒店业的区块链支付系统，让客人在酒店以安全和方便的方式来支付服务、活动和设施的费用。区块链支付系统可以把顾客和商家有效地连接起来，进行点对点的交易，无须通过任何第三方，使交易更加透明高效，通过智能合约让酒店交易更值得信赖。同时，区块链分布式记账技术还能提升数据安全和隐私保护，避免隐私泄露让用户遭受骚扰，影响入住体验。

　　新的支付系统为亚特兰蒂斯的客人提供腕带或数字钱包，以便在入住期间为其所有服务收取费用。每笔交易的详细信息都记录在 Lucid Pay 中，在发生任何争议时双方都能够确切地查看。旅游行业每年因为信用卡欺诈而造成的损失超出 10 亿美元，交易的透明可见也将有助于打击欺诈行为，基于区块链的酒店支付方案还将能够支持其他忠诚度应用程序。之后，该支付系统还计划扩展到第三方，以便客人可以在迪拜其他场所支付活动和服务费用，并为他们的酒店账单支付费用。

　　从酒店运营的角度来看，旅游目的地的时间就是金钱，创新和效率是其中的关键，因此，基于区块链的支付系统给酒店增加了便利，不需要实际处理和存放现金，可以更有效地利用时间对资金进行电子化的审计，提高资金运营安全性。

　　在基于区块链系统的支付效率上，尤其是跨境支付方面，就系统吞吐量而言，TPS 最低的比特币支付系统和银行系统相比，基于区块链的交易确定只需要不到 1 个小时，传统银行往往要远超于这个时间，甚至有些时区和地点需要 T+1 的确认时间。随着区块链技术的不断发展，支付效率也会越来越高，秒级的确认时间也会在不久的将来出现。

— 案例57　澳大利亚的Webjet使用区块链技术解决酒店预订 —

当你在旅游网站上预订了机票，却发现价格比别人贵；当你在旅游网站预订某酒店的房间，到达酒店后，却被告知房间涨价，必须支付额外的费用才能入住；当你满怀期待地到达旅游目的地酒店准备办理入住，却被告知还没有收到关于你的入住订单；当你在预订完旅游产品后，经常收到垃圾电话或邮件推销相关目的地配套服务，却不知道自己的信息是从哪里被贩卖出去的。

大数据杀熟、信息不透明、跨境业务效率不高，传统的中心化在线旅游（Online Travel Agency，OTA）平台存在诸多弊端，十分影响消费者的旅游体验。那些处于垄断地位的头部在线旅游平台，信息不共享、不对称，消费者无法验证其资质及其所发布信息的真实性。消费者的权利屡屡受到侵犯，投诉无门，哑巴吃黄连的现象屡见不鲜，严重影响消费者对OTA平台的信任。

目前，传统在线旅游存在如下几个问题，第一个是交易成本过高，采取佣金模式，特别是酒店行业里，中间商基本上抽出10%～20%的佣金，使得整个行业的流通和交易成本过高，顾客的旅行成本也随之提高。第二个问题是整个行业运营成本过高。行业内比较大型的OTA公司，几乎有一半的员工在运营中心，就是通常意义上的呼叫中心，这个成本非常大，占据整个公司成本差不多一半以上（见图4-4）。

区块链技术在旅游预订中的使用，可以通过智能合约和技术的手段，以及少量技术人员投入，让数以万计的交易跑在这个链上面，不再像传统OTA运营那样以较高的人工成本的方式去解决。

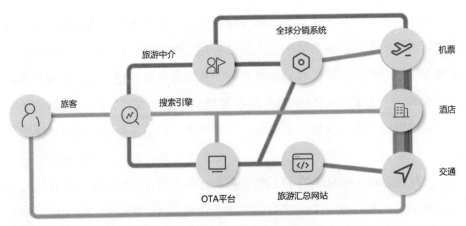

图4-4　目前旅游行业生态示意图

（资料来源：根据网络资源整理。）

澳大利亚的 Webjet 平台就已经使用区块链技术来帮助酒店提供预订服务。

在最初阶段，Webjet 只会在其自己酒店的预订中使用区块链，在之后的发展中将会扩展到与其合作的 250 000 家酒店以及很多的第三方供应商。Webjet 已经创建了一种用于酒店预订的智能合约，以及一种不存在争议的永久性记录，并确保有关预订的任何后续的更改都会被清晰地记录下来。

区块链酒店预订平台的去中心化特性，可以将区块链技术直接对接旅游服务商、消费者和第三方服务商，节约中介平台费用，提升交易效率从而降低游客成本。通过区块链技术，酒店可以搭建全新的服务系统从而增加透明度，建设无法篡改的分布式数据库，使得那些企图隐藏真实状况或虚构事实的行为无处藏匿。

旅游消费市场是一个千亿规模的市场，通过区块链的生态搭建至少可以带来百亿量级的市场红利。通过区块链技术不断提高旅行用户的体验，带来一个公开、透明的美好旅游市场。

案例58 阿联酋航空Skywards忠诚度计划

阿联酋航空 Skywards 是由阿联酋航空和迪拜航空公司推出的一款基于 Loyyal 区块链技术的用户忠诚度计划，拥有 2 500 多万会员。会员可以通过阿联酋航空的合作伙伴赚取 Skywards 里程，其中包括航空公司、酒店和汽车租赁等行业，会员还可用里程换取机票升舱、酒店住宿等一系列旅游产品。

旅行忠诚度项目已经变得越来越复杂、越来越不透明，同时使用难度也越来越大，大部分普通旅客都难以积累到兑换奖励所需的足够积分。因此，大量积分最终无人兑换，旅行公司也未能在旅客当中建立起忠诚度。旅行奖励缺乏货币的关键功能，也就是获取和兑换的能力，这影响了奖励在会员眼里的价值，最终弱化了他们与酒店、航空公司、OTA 公司以及提供此类忠诚度项目的公司的联系。

区块链是一种将交易嵌入数字代码的分布式、去中心化账本。因此，每项行动都是安全、透明、可核实的，交易通过基于确定规则自动执行的智能合约而完成，这种系统能够使忠诚度计划的提供者和旅客同时受益。

Loyyal 的平台可帮助会员计划运营商降低账户对账和付款管理的相关成本，为合作伙伴入驻引入了标准化流程，以减少新忠诚度合作伙伴的时间和成本投入。

在技术方面，Loyyal 平台的加入不是取代 Skywards 原有的架构，而是通过区块链技术进行赋能。其合作伙伴可以继续使用他们现有的软件，通过区块链技术的分布式、共享账本能够进行支付调节和管理。

自投入生产以来，Loyyal 的基于区块链的忠诚度和奖励平台取得了一些积极成果，包括提高了阿联酋航空 Skywards 及其合作伙伴之间的透明度，增强了安全性，减少了欺诈事件的发生，消除了多余的对账流程。另外，能够通过区块链为平台上的所有合作伙伴提供即时收益和兑换，从而改善客户体验。

二、场景 2：区块链与港务贸易

（一）港务贸易行业的市场现状与痛点

大规模的跨国贸易促进了世界经济的快速融合和商品流通，资源在全球范围内得到了优化。但由于各国经济贸易政策等因素的差异和变动，跨境贸易在实际操作过程中仍有较多问题，其中比较的明显就是效率低下和信任缺失问题。

跨境贸易中的信任，除主体本身的信用之外，更多需要依赖贸易相关数据的支撑。跨境贸易可以说是一个"数据密集型"行业。但在现有模式下，大量数据信息仍需通过纸质单证或第三方托管等方式进行流转。同时，由于全球化进程进一步加快，跨境贸易参与主体越来越多，致使数据源分散且真实性难以确认，再加之数据格式缺乏统一规范，使得数据难以有效传递，可信度也在一次次存在欺诈风险的传递过程中逐步降低。

更重要的是，如今各类主体都将数据视为一种核心资产。在无法保证数据安全和所有权的情况下，任何主体都不愿也不可能将其共享给其他主体。这在一定程度上使得业务数据碎片化，形成数据孤岛，极大影响了数据互通，进而催生了信任缺失问题。

（二）区块链技术如何赋能港务贸易

区块链被认为是继蒸汽机、电力、互联网之后最具颠覆性的核心技术。由于具有不可篡改、可追溯、分布式等特点，区块链可以在无须中心化或第三方机构的情况下，保证数据真实性和安全性，同时通过算法实现信任传递。

因此，区块链被国际公认为是一项极具潜力，并且适配跨境贸易场景的技术。

区块链的核心优势主要体现在以下三个方面。

一是不可篡改、可追溯的技术特性能保证跨境贸易全流程的数据在链上的真实性，不会由于信息层层传递导致可信度降低。

二是数据传递过程中尽量减少人为干预，依靠对区块链技术和算法的共识，建立各主体间的信任网络。

三是通过智能合约和链上数据授权，覆盖跨境贸易的各个环节，打通数据流，自动触发并执行相关标准化指令，在提高自动化程度、增加效率的同时，也能在一定程度上规避信用欺诈风险和操作风险。

（三）区块链＋港务贸易案例

——————— 案例59　大连口岸区块链电子放货平台 ———————

2019 年 4 月，由大连集发环渤海集装箱运输公司设计研发，大连口岸物流网公司、大连集装箱码头公司等单位合作完成的"区块链电子放货平台"在大连口岸成功上线并开放试用，成为国际上将区块链技术应用于港口提货场景中的首次尝试。

"区块链电子放货平台"的业务应用场景为船公司在港口的放货作业，主要服务于货主、船公司和码头三方之间的放货流程，并可实现与银行、税务、海关等单位的对接。通过建立区块链电子放货联盟链，该平台将货主、船公司、码头等每一个提货单的干系人串联起来，从根本上解决了相关各方间的信任问题，既保证了信息传递的即时性，也提高了信息共享的可靠性（见图 4–5）。

图4-5 项目架构图

（资料来源：根据网络资源整理。）

大连集发环渤海集装箱运输有限公司，是辽宁港口集团旗下专业经营集装箱运输的企业，运营航线 15 条，挂靠国内外 20 个港口，主要业务分为公共支线运输、内贸线运输和日韩外贸线运输。蓝迈是其 2016 年开始上线的航运电商平台，主要功能包括内外贸订舱、全程货物跟踪和公路运输等。"区块链电子放货平台"则是聚焦在大连集发环渤海集装箱运输公司、收货人和码头之间的放货信息即提货单的电子化流转，实现放货流程的全程留痕和全程可追溯。

收货人（货代或车队）在蓝迈平台收到到货通知后，根据到货通知发起放货申请，同步输入预约提箱的协议车队；为了提升客户操作体验，"蓝迈"移动端集成了 QR 二维码识别、OCR 识别及人脸识别技术，实现了电子、纸质提单的扫描识别及用户的身份认证功能。码头 TOS 系统在接收到客户的提箱核验码之后，调用区块链平台接口查询放货信息，并与 TOS 系统的舱单信息进行核对，核对通过后完成在线费用结算，准许客户提箱（见图 4-6）。

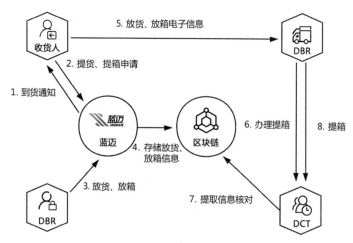

图4-6　大连港口岸区块链平台提货流程

（资料来源：根据网络资源整理。）

　　未来，大连港计划开展包括"外贸、外港、外向、外界、外链"的"五外计划"，把功能由内贸放货向外贸放货提升，把应用由大连港向大连集发环渤海集装箱运输公司其他挂靠港推广，把场景由"内向"进口单证扩展到"外向"出口单证，联合上下游合作伙伴和横向关联单位共同参与，把平台由"界内"使用向外界共享，包括海关、税务、征信、银行等机构，并逐步开展同界及跨界区块链合作，形成横向联盟链和纵向联盟链，培育多方信任新机制，全面实现信息流转无纸化，促进港航物流生态圈的繁荣，为优化口岸营商环境做出新的探索。

<h2 style="text-align:center">案例60　天津口岸区块链贸易平台</h2>

　　2019年4月，天津口岸区块链验证试点正式上线运行，这是全国首次实现了区块链技术与跨境贸易中的交易、金融、物流、监管等环节的深度融合，初步建立了区块链跨境贸易生态体系。

平安金融壹账通作为项目的重要实施方，将区块链技术与跨境贸易各业务环节应用系统集合起来，建立信任机制，组建跨境贸易区块链联盟。在天津口岸区块链验证试点项目中基于区块链打造连接各参与方的底层网络，壹账通 FiMAX 密码学方案为项目提供了独有的全加密区块链架构，在隐私保护的前提下实现数据共享，打破跨境贸易中的数据孤岛；运用 3D 零知识证明，系统可以交叉验证加密后的源头数据，并根据验证后的信息生成通关单据，降低各方的操作成本和欺诈风险（见图 4-7）。

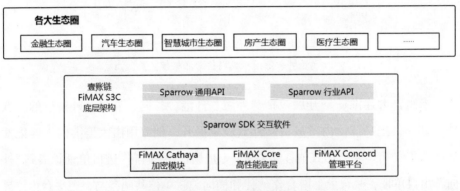

图4-7　平安区块链技术解决方案

（资料来源：平安区块链研究院。）

同时，打通数据壁垒、实现互相验证可提升贸易性和可信度。监管机构可根据链上信息对进出口业务进行风险分层并区别化处理，由此提高监管精度和审核效率。金融机构也可获得更多来源的可信数据，可根据验证后的信息为优质进出口企业提供关税、融资等金融服务。而对于各类优质企业而言，可在享受更好的通关服务和金融服务的同时，提升全流程的业务协同，降低成本。

壹账链 FiMAX 是金融壹账通自主创新、拥有多项知识产权、性能优越的区块链产品。壹账链 FiMAX 为各类机构及企业提供标准化、可快速接入的区块链应用搭建服务，并已在金融、房产、汽车、医疗和智慧城市多个应用场景中落地。

天津港是中国北方最大的综合性港口，与世界180多个国家和地区的500多个口岸有贸易往来，为近60%的全国各地进出口货物提供便捷通关服务保障。天津口岸区块链验证试点项目的上线将有助于提升贸易便利化水平，优化口岸营商环境，同时为跨境贸易的口岸监管提供更加丰富的方案选择。

根据壹账通公开的数据，截至2019年6月，天津口岸区块链验证试点项目已有200多家企业自愿上链，150多种字段能在链上交叉验证，验证报关单中价格、原产地、归类等关键要素的真实性。①

─── **案例61 迪拜环球港务集团区块链贸易物流平台** ───

需求模式的转变、更为复杂化和全球化的供应链系统、不断变化的监管环境和客户基础以及与托运人不断变化的关系，正推动着全球贸易物流业的演变和发展。然而，该行业的变革仍然非常缓慢且效率低下，整个流程很大程度上依赖复杂和严格的文书工作，货物转运管理和进出口商以及中间人之间的金融结算还是主要依赖人工。

迪拜环球港务集团一直在积极探索新的解决方案和技术来应对这些挑战，其中便包含了最具有应用价值的区块链技术，希望以此为全球企业提供贸易物流平台，通过开放的API和智能合约轻松实现数据共享和流程自动化管理。其目的主要是简化客户注册流程，以及实现数字化和保护贸易文件。公司工作流程中区块链技术的实施产生了许多好处，包括在所有流程中提供一个单

---

① 黄玲丽. 天津口岸区块链验证试点项目上线试运行[EB/OL]. [2019-04-18]. http://blockchain.people.com.cn/n1/2019/0418/c417685-31037265.html.

一的窗口，从而帮助消除了跨组织的重复流程。它还保持了密切的沟通，并与参与各方建立了积极的关系。

迪拜环球港务集团的目标主要包含两方面。首先是与阿联酋实体完成两个功能的落地：① 新自由贸易区用户注册：使新贸易商的注册、执照和会员资格能够在一个平台上进行；② 数字化出入境口岸所需的证件、装船许可证和原产地证书的审核、颁发和查询。在以上范例成功的基础上，迪拜环球港务集团旨在为受益的货主和他们的贸易物流业务伙伴创建一个许可的区块链，以促进数据共享和流程集成。目标是提高贸易物流社区成员之间的信任，通过消除请求和验证数据的浪费来减少物流交付时间，并通过数字化和数据驱动的决策使智能贸易成为可能。

迪拜环球港务集团是全球供应链解决方案的领导者，专注于货物物流、港口码头运营、海事服务、自由区等领域。它是全球贸易的主要推动者，也是供应链的重要组成部分。该公司在六大洲的 46 个国家拥有超过 150 个业务部门，对区块链技术的尝试无疑推动了阿联酋区块链战略的发展。

2018 年 12 月，迪拜环球港务集团加入由八家世界领先的海运承运商和码头运营商组成的全球航运业务网络（GSBN）——一个基于分布式分类账（区块链）技术的开放式数字平台，旨在连接各种利益相关者，包括海运承运商、码头运营商、海关机构、托运人和物流服务提供商，以实现供应链中的协同创新和数字化转型。

案例62　IBM和马士基推出区块链运输解决方案

2018 年 8 月，马士基和 IBM 对外正式发布了基于区块链技术的服务运输解决方案——TradeLens，将区块链技术应用于全球供应链系统，旨在促进更有效和更安全的全球贸易，将各方聚集在一起，以支撑信息共享和透明度，促进行业范围内的创新。

作为 TradeLens 早期采用者计划的一部分，IBM 和马士基还宣布，有 94 个组织积极参与或同意参与基于开放标准的 TradeLens 平台。TradeLens 生态系统当前包括：

• 全球超过 20 个港口和码头运营商，包括新加坡国际港务集团、帕特里克码头、香港现代货箱码头、哈利法克斯港、鹿特丹港、毕尔巴鄂港、PortConnect、PortBase 和物流服务提供商，与全球 APM 码头网络一起试行该解决方案。全球约有 234 个海上门户已经或将要积极参与 TradeLens。

• 太平船务有限公司（PIL）已加入马士基航运公司和汉堡南德，成为参与该解决方案的全球集装箱运输公司。

• 荷兰、沙特阿拉伯、新加坡、澳大利亚和秘鲁的海关当局以及海关经纪人 Ransa、Güler 和 Dinamik 都参加了会议。

• 受益货物所有人（BCO）的参与度已经增加，包括 Torre Blanca、Camposol 和 Umit Bisiklet。

• 货运代理、运输和物流公司（包括 Agility，CEVA Logistics，DAMCO，Kotahi，PLH Trucking Company，Ancotrans 和 WorldWide Alliance）也正在参加。

该区块链解决方案由 IBM 携手运输物流行业的全球领导企业马士基基于 Hyperledger Fabric 构建，可供海运和物流行业使用。该解决方案将端到端的供应链流程数字化，可帮助企业管理和跟踪全球数千万个船运集装箱的书面记录，提高贸易伙伴之间的信息透明度并实现高度安全的信息共享，大规模应用后有望为该行业节省数十亿美元。

TradeLens 使用 IBM 区块链技术作为数字供应链的基础，在不泄露内容信息和保持隐私机密性的情况下，通过建立单个共享的交易视图，授权多个贸易伙伴进行协作。货主、航运公司、货运代理、港口和码头运营商、内陆运输和海关当局可以通过实时访问运输数据和运输文件（包括从温度控制到集装箱重量的物联网和传感器数据）来更有效地进行交互。

通过使用区块链智能合约，TradeLens 可以使国际贸易中的多方进行数字协作。贸易文件模块是在一个名为 ClearWay 的测试版程序下发布的，它使进出口商、报关经纪人、可信的第三方（如海关、其他政府机构和非政府组织）能够在跨组织的业务流程和信息交换中进行协作，并有一个安全的、不可篡改的审计跟踪作为支持。

对货运公司而言，这一解决方案可以帮助公司减少贸易备案和处理工作的成本，解决由于转移文书出错而产生的延迟问题。该解决方案还可以对在供应链中移动的集装箱随时跟踪。对海关而言，该解决方案的作用是提供实时跟踪，带来更多可用于风险分析和确定目标的信息，从而加强安全性，提高边境检查清关手续的效率。

三、场景 3：区块链与医疗

（一）医疗行业的数据安全与客户隐私

如今，在各种技术的驱动下，医疗信息化建设呈现高速发展态势，医疗数据得到更加充分的利用，其价值与重要性也越发受到关注和重视。传统医疗数据在信息化发展方面遇到诸多难题，相比其他传统行业发展进度极为缓慢。

究其根本，是因为目前医疗数据孤岛化且缺乏标准体系、数据安全难以保障、数据确权不明晰导致的传统参与者信息化的意愿低，医疗服务中的医疗数据未能被充分利用。对于患者本身，存在患者跨地区转院就诊困难、患者病例容易出错、患者病例数据遭到泄露等问题。医疗数据安全关系患者隐私、技术研发等重要、敏感领域，一旦发生数据泄露将对患者群体、社会稳定乃至国家安全造成严重影响。

而在医疗保险方面问题同样突出。对于保险公司来说，保险管理成本高，大量的精力花费在合同签订以及索赔检查方面。索赔支付因为涉及很多利益相关者，过程繁杂而冗长。这些问题的出现大部分都是源于缺乏标准化的电子健康记录和操作流程。

（二）区块链技术如何赋能医疗行业

区块链技术本身具有许多优势，利用其不可篡改的特点可以将医疗数据记录在区块链上，既能对数据加密，同时也无法篡改，成为医疗行业保护数据的最有效的方法。

数据的互通共享上，通过区块链赋能处方流转平台，可保障处方在外流过程中的真实可信，做到保障患者隐私前提下的全流程监管，以及过程可追溯、避免纠纷；基于区块链建立以患者为中心的转诊服务，可保证患者对个人健康信息的控制力，确保健康信息的完整性、安全性与连续性；使用区块链对用户身份、数据所有权进行管理，不存在超级管理员和特权用户，可确保安全与隐私保护；利用智能合约对科研流程进行自动化管理，避免人为干预，打造民主化的科研平台。

业务办理方面，保险清算类业务可通过区块链的智能合约完成患者、医院与保险机构之间的费用清算。避免复杂、冗长的人工处理与审核过程，在提高效率、降低手工出错概率的同时提升患者的用户体验，缩短医院的垫付周期；医保控费类业务通过区块链与DRGs（疾病诊断相关分组）相结合，根据疾病诊断相关分组，基于区块链的智能合约进行费用支付，可规避人为有意或无意的干预，保证付费过程的公正与透明；对于供应链管理类业务，通过区块链与电子存证相结合，可保证医疗供应链相关数据不可篡改、真实可信，链上信息透明，便于实时监管与审计。

行业监管方面，药品追溯可通过区块链保证药械从生产到销毁全生命周期的信息不可伪造、不可篡改。相关信息对参与方透明可见，便于追溯与监管；在医疗监管上，根据区块链分布式特性使得任意节点对全局数据可见、可追溯，无须数据上报、无须跨组织数据交换与集成，监管方可以实时或准实时地对全局数据和事件进行监控、追溯与审计。

（三）区块链 + 医疗案例

—— 案例63　百度区块链电子处方 ——

医疗互联网在快速发展的过程中，面临医疗信息数据孤岛、数据规范以及数据流转安全等诸多隐患。百度超级链技术可以跟智慧医疗现实场景结合起来，打造从医院到社区再到家庭全方位便民惠民的医疗健康服务系统，提升医院便民服务能力和政府监管效力，改善人民群众就医体验。目前，百度超级链打造的电子处方流转平台已上线运行。

基于百度电子处方区块链流转平台，医生诊断记录、处方、用药初审、取药信息、送药信息、支付信息都将"盖戳"后记录在电子处方流转链上。而百度超级链联合北京互联网法院、广州互联网法院、北京国信公证处、北京仲裁委和北京市版权局等机构，多节点备份，做到不可篡改、全程追溯，且具备公信力。在平台上，医生可以远程为患者开具电子处方，患者可在本地药房购买处方药，实现医药分离。同时，消费者在购买药品的时候，通过个人数据上传将购买过程透明化，满足监管需求，避免处方被滥用，最终解决传统医疗服务中数据共享、流通、归集和安全问题，实现政府对诊疗过程事前提醒、事中监控、事后追溯的全方位监管，让老百姓更加便捷、安全地买到所需要的药品，大幅提升就医体验（见图4-8）。

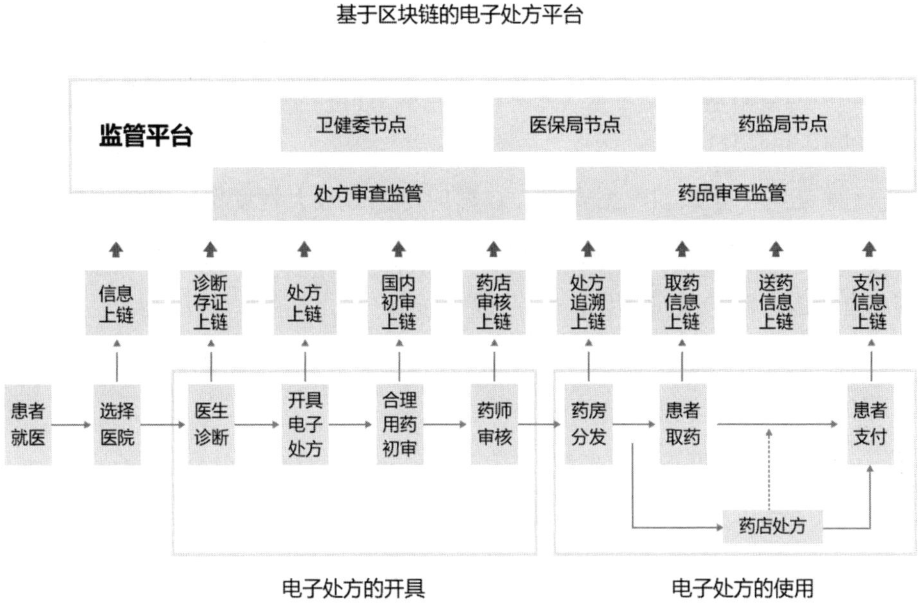

基于区块链的电子处方平台

图4-8　电子处方平台业务流程图
（资料来源：根据网络资源整理。）

目前医疗行业痛点主要包括以下方面。

• 对于患者：特别是慢性病患者，往往每半个月要跑一次医院进行复诊，完成排队挂号、就诊、付款、取药等一系列流程，导致患者复诊麻烦，也占用初诊用户资源，进一步造成看病难。

• 对于医疗机构：权威数据显示，62% 的基层医疗机构经常买不到药，同时医院的 HIS 系统与药店的 ERP 系统相对独立，医院、药店等药品信息匹配困难，处方共享受阻。

• 对于监管单位：存在假冒处方、冒用处方、过期处方等问题，监管起来困难重重。

百度区块链解决方案如下。

• 保障电子处方合规流转：首先电子处方数据、签章数据、处方流转过程的记录数据和参与流转的机构信息都会写入链上，防止篡改。整个流转过程以及数据通过智能合约来写入和查询，智能合约约束业务逻辑，为不同的业务提供不同的接口。

• 保证用户隐私和数据安全：数据加密上链最大程度保障医疗数据的安全。身份验证通过私钥签名、公钥验签的方式实现。公钥与用户的实名身份信息由外部存储管理。私钥用户自己保管，用户对数据隐私享有最大使用权限。每次数据从一个业务节点流转到下个业务节点时，对敏感数据使用一次性密码加密，密码由下个业务节点的公钥加密。

• 打破医疗数据孤岛：医院、药店等形成多节点联盟网络，电子处方诊疗记录、电子病历实现多方共享。

区块链电子处方平台电子处方流转主要步骤如下。

（1）申请平台连接加入各级医院的电子病历系统（院内信息平台），或者互联网医院系统，在进行面诊或在线复诊时，医生根据患者的需求开出处方并提交至电子审核流转平台，由执业药师进行统一审核。

（2）平台根据平台入驻的药店自动产生询价订单，将订单信息以短信、微信、各种 App 的形式推送给患者。

（3）患者针对选定的订单进行支付，如果实现医保的脱卡支付，可以即时通过医保接口走个人账户支付。

（4）药店端接受订单与电子处方，让患者自主地选择到任何一家平台药店完成线下购药，药店核验患者处方信息，打印处方并完成售药或通过物流配送到家。

相比传统的处方流转，区块链电子处方保证了处方以及业务流程的合规性，用户足不出户即可完成处方药的下单和收货。

百度超级链官方发布的信息显示，截至目前，平台已经接入 12 家医院，其中包括 1 家三甲医院和 11 家社区医院。[①] 未来，以重庆市渝中区电子处方流转平台作为样板，在全国各省、市、区、县建设地域化互联网医疗体系，通过区域内监管部门、各级医院、药事服务、家庭健康信息与药品零售消费信息的互联互通、实时共享，形成医疗健康服务大生态，构建医疗行业的价值互联网，并确保医疗质量和医疗安全。

——— 案例64 阿里健康"医联体+区块链"试点项目 ———

2017 年 8 月，阿里健康宣布与江苏省常州市合作"医联体 + 区块链"试点项目，将最前沿区块链科技应用于常州市医联体底层技术架构体系中，实现当地部分医疗机构之间的数据互联互通，成为中国第一个基于医疗场景实施的区块链应用。

区块链是一种分布式数据库的底层技术架构，采用 P2P 技术、密码学和共识算法等技术，确保了接入区块链网络的各个节点在数据流通中的公平、互通和隐私保护，而阿里健康在常州区块链项目中更是设置了数道数据的安全屏障。首先，区块链内的数据存储、流转环节都是密文存储和密文传输，即便被截取或者盗取也无法解密。其次，专门为常州医联体设计的数字资产协议和数据分级体系，通过协议和证书，明确约定上下级医院和政府管理部门的访问和操作权限。最后，审计单位利用区块链防篡改、可追溯的技术特

[①] 赋能互联网在线诊疗，百度超级链电子处方流转平台获重庆市领导高度赞许[EB/OL]. [2020-03-21]. https://baijiahao.baidu.com/s?id=1661702206859235090&wfr=spider&for=pc.

性，定位医疗敏感数据的全程流转情况（见图 4-9）。

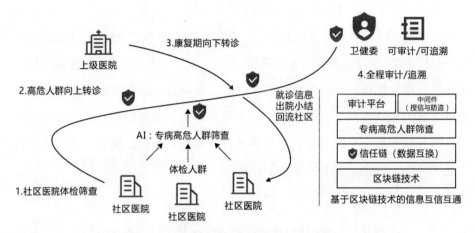

图4-9　医联体+区块链业务信息流转图
（资料来源：根据网络资源整理。）

信息孤岛和数据安全问题是现有体制下医疗行业的最大痛点。每个人的医疗数据主要是由公立医院为主的医疗、防疫以及疾病控制机构产生和掌握的，因此形成了一个个信息孤岛。急需手术、跨医院治疗的情况下，这种信息孤岛可能会带来极大的安全隐患。

在应用区块链技术后，利用区块链技术的去中心化、不可篡改等优势，将数据储存在区块链上，患者在就医过程中的医疗记录、花费记录以及患者本身的身体情况都可以实时记录在链上，健康医疗服务机构可以快速准确地查询到相关数据，并且以此作为依据，减少患者与机构之间的纠纷。

从患者角度出发，药品从制药商到流入个体消费者手中，整个过程都能得到保证。假药问题就可以得到很好的解决，患者无须为此担心。

通过区块链技术的应用，可以实现当地部分医疗机构之间安全、可控的数据互联互通，用低成本、高安全的方式，解决长期困扰医疗机构的信息孤岛和数据安全问题。

案例65　天津市疫苗追溯监管平台

天津市应用大数据和区块链技术建设的疫苗追溯监管平台，服务于公众、生产企业和监管部门，是全国首个落实《中华人民共和国疫苗管理法》要求、遵循新标准建设的省级疫苗追溯监管平台，贯通药监局、卫健委系统，与国家平台对接，可以实现疫苗从生产、流通到使用各环节的全流程可追溯监管。

近年来，长生疫苗事件、金湖过期疫苗事件等一连串的疫苗安全事件，一定程度上引发了公众的恐慌和信任危机。生产造假、储运违规、过期滥用和监管缺失等问题是疫苗行业的最大痛点。

区块链技术具有可追溯、信息不可篡改、公开透明等特性，当疫苗的相关信息被记录在链上，从疫苗的生产、运输、仓储、配送到接种的每个环节都可追溯监管，区块链上的信息因不能篡改而高度可靠。将区块链技术应用于疫苗监管，保证每一支疫苗来源可追溯、记录可信赖、存储更放心、接种更安全，有效确保疫苗接种的安全性、真实性，为消费者医药安全保驾护航。

天津市疫苗追溯监管平台围绕最新制定的疫苗信息追溯标准实施和建设，使用了区块链这一新技术来实现可信追溯；以药监系统为主导，卫生疾控部门通力合作，实现了生产、流通、使用的全环节数据贯通，同时也和全国平台实现连通；同时，天津市疫苗追溯监管平台覆盖生产、运输、仓储、配送、接种全环节，覆盖生产企业、流通企业、疾控机构、接种医生、群众，不仅能为天津公众服务，也为全国平台建设做出了有益尝试。

天津市疫苗追溯监管平台采用了大数据和区块链等技术，由疫苗大数据追溯监管平台和面向公众的疫苗查询系统、面向疫苗生产企业的企业服务系统、面向监管人员的监管系统等三个子系统组成，服务于公众、生产企业和监管部门。

（1）疫苗查询系统。面向公众的疫苗查询系统为老百姓提供了疫苗查询的多种渠道。主要有以下三种查询方式。

一是通过扫描接种本上的接种档案编号，可查询接种人信息、接种历史记录、疫苗信息、批签发信息、物流信息、温控信息、接种信息等。

二是通过扫描疫苗包装盒上的药品追溯码，可查询该疫苗的信息、批签发信息、物流信息、温控信息等。

三是通过疫苗批次号，查询该批次疫苗的基本信息、批签发信息、物流信息、温控信息等。

（2）疫苗生产企业服务系统。疫苗生产企业服务系统为疫苗生产企业提供了便利的信息管理功能：一是对企业基本信息、人员信息、生产许可信息、疫苗信息、商业保险信息的管理；二是生产信息、企业自检信息、批签发信息的上报；三是对问题疫苗的召回、销毁管理等。

（3）疫苗追溯监管系统。疫苗追溯监管系统面向监管人员，为其提供以下服务：一是提供重要预警、各类监督检查功能；二是提供对问题疫苗的召回及销毁管理，以及单支疫苗追溯查询、批次疫苗流向跟踪功能；三是提供对各类基础信息管理和统计分析功能，满足监管人员的日常工作需要。

疫苗追溯监管平台的搭建让"问题疫苗"在药品疫苗全过程追溯体系中无处遁形。为疫苗安全加了把"锁"，助力公众用药安全，为人民生命安全提供了可靠保障。

──────── 案例66　微信智慧医院3.0 ────────

2018年4月，腾讯正式对外发布了微信智慧医院3.0版本，实现连接、支付、安全保障、生态合作的四大升级。同时，新版微信智慧医院，在原有的大数据、支付、云计算、安全等基础上，加入了 AI 和区块链等新技术，六项核心能力贯穿从诊前到诊后的全流程。

在此之前，腾讯已发布了可实现在线挂号、缴费查询的微信智慧医院1.0版本，以及实现了候诊提醒、院内导航的2.0版本。微信智慧医院3.0涵盖了1.0和2.0的所有功能，同时增加了AI导诊、处方流转、保险支付、药品配送等一系列看病所需的功能，而这些数据会统统写入区块链，并把所有知情方（接触病人资料的人员）全部纳入区块链进行保存，从而实现实时链上监管，病人就医信息则避免了泄露风险，数据的来源、流转、查阅和使用记录都将在链上储存、记录，全程均可追溯。

通过AI和区块链等技术，微信智慧医院3.0实现了连接、支付、安全保障和生态合作的四大升级。

（1）连接升级：整合人社局、医院、药企、保险等资源共同联动，提供在线咨询、处方流转、商保直赔等服务。以处方流转为例，在药品零加成政策背景下，基于腾讯支付、AI人脸识别、区块链等核心技术能力，连接医院、流通药企及用户，实现电子处方安全流转、全流程可追溯，助力医药分离。用户可选择药店取药、药店配送到家等多种购药方式。

（2）支付升级：支付场景升级，包括医院、药店、保险更多场景均支持微信支付。比如，在医院可以使用微信公众号实现在线支付、处方单扫码付、终端机快捷支付等；在保险场景，可在线使用社保个人账户购买健康保险；在药店场景下，可实现在线刷码支付、免卡便捷购药等。同时，支付方式将医保、商保、自费等全部纳入，让消费者实现无缝支付。

（3）安全保障升级：微信智慧医院3.0能够全面保障实名安全、支付安全、数据安全和风控安全。比如，一直以来，医疗数据安全和患者隐私保障是医疗行业的核心问题，而区块链所拥有的多方共识、不可篡改、多方存证、随时可查等优势，使其成为医疗数据保管的最佳方案。微信智慧医院3.0运用区块链技术，为监管方、医院、流通药企搭建了一条联盟链，保障数据、隐私安全的同时，实现链上数据防篡改。

（4）生态合作升级：除了自身功能方面，微信智慧医院 3.0 更加注重整个生态的合作共赢。从资金、资源、技术、产品四大维度与合作伙伴联手，实现合作升级，推动业务有效落地，合力打造"互联网 + 智慧医院"的建设。

微信智慧医院系统在柳州市工人医院已成功落地，该医院与腾讯公司、柳州医药公司达成了战略合作关系，在国内首次打造了基于微信公众号的"院内处方流转院外药房"。如今，前往柳州市工人医院就诊，只需关注该院的公众号，完成实名认证，即可实现预约挂号、全流程缴费、检查预约、报告查询、在线咨询等便捷医疗服务，更可选择到院外合作药店取药，大大节省了排队取药时间。

案例67　趣医医疗健康区块链

2018 年 3 月，趣医网发布了医疗健康区块链技术白皮书，旨在构建一个开放、平等、安全的智慧医疗链。趣医网成立于 2014 年，曾推出与医院深度直连和双向实时交易的统一的"医院 +"平台，旗下还拥有"趣医院""趣医网络医院""趣医商"等多个品牌。

在趣医医疗健康区块链上，个人可以通过授权建立完整和安全的个人医疗机构健康档案，根据需求将医疗数据共享给医疗机构、医疗健康服务提供商、商业保险机构等；在医生一方，经过授权之后，可以访问分散在不同医疗机构的居民医疗数据，在药效分析、疾病防控等方面可以节约不必要的重复检查时间；在政府一方，则可以进行更有序高效的监管。

趣医网选择了超级账本（Heperledger）作为技术框架。以联盟链为出发点，每个模块可插拔，并且实现了节点分级、审计、访问控制，链上的每个大型参与者都运行着一个或多个节点，保障了数据隐私和安全，实现去中心化。为最大限度降低个人信息泄露的可能性，趣医医疗健康区块链对信息访问权限做了限定，只有患者本人或者经患者授权的实体，才能访问患者数据。

在生态构建方面，趣医网为企业和研究机构提供 API 开放接口和 SDK 开发工具套装。在获得授权和去隐私之后，希望获得医疗健康信息的个人、研究机构和企业可以创建各种医疗信息相关服务。此外，趣医网区块链还将在区块链平台创建应用商店，合作伙伴可以在平台入驻应用，提供人工智能分析、个人健康管理、自然语言处理、文档检索、报告分析、预约挂号等服务（见图 4-10）。

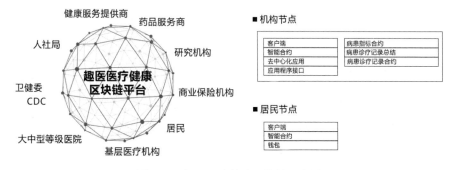

图4-10 趣医医疗健康区块链生态圈

（资料来源：根据网络资源整理。）

趣医网利用区块链在数据共享、防篡改特性等天然优势，致力于构建开放、平等、安全的智慧医疗链，依托趣医 B 端（医疗机构、保险机构）和 C 端（患者）优势，不断将高价值的医疗数据聚合在区块链上，使医疗保险链条的所有参与者都能从医疗信息中获益。

同时，在数据互联互通基础之上，趣医医疗健康区块链与商业保险公司可实时共享商业保险数据，为商保极速赔提供强有力的数据支撑，确保医疗机构、保险机构和商保用户的理赔业务更加顺畅地开展。在趣医商保理赔服务方面，用户只需在 App 一键申请理赔，系统后台经过快速计算，患者最快3 分钟内即可拿到赔款。

目前趣医医疗健康区块链已在贵阳落地，构建开放、合作、共赢的区块链生态。

——— 案例68　阿联酋推出区块链技术的医疗数据存储平台 ———

2020 年 2 月，阿联酋卫生与预防部（MoHAP）、总统事务部、迪拜医疗城和其他相关机构共同推出了基于区块链的健康数据存储平台。该平台旨在基于区块链技术，建立一个能够提高 MoHAP 和其他卫生局的智能服务卫生效率的健康平台，能够帮助用户简化对医疗机构及其许可的医疗和技术人员的搜索，以及对药品供应链进行查询。

医疗健康数据信息安全和隐私保护是区块链技术在医疗领域应用最广的一个方面。利用区块链，能够使医疗数据的存储与访问被记录且不可篡改，从而保障了医疗数据的隐私安全。目前历史积累产生的数据仍然被中心化地存储在各个机构中，医疗信息存储机构不重视数据存储安全主要表现在信息安全建设投入不足、医疗数据的存储未加密、信息安全维护人员缺位、系统漏洞众多、系统使用和维护者安全意识薄弱。

在传统中心化的医疗健康信息存储机构中，区块链可作为一种安全解决方案，用来改进医疗数据使用的监管。区块链能够将所有的改动都记录下来，保证了数据的完整性。这些机构不是使用区块链保护健康记录，而是将对这些记录执行的所有数据处理活动的日志文件记录到链上，实现数据的活动监管，降低个人数据可能被不知情或恶意黑客或欺诈性内部人员泄露的各种风险。

同时，区块链可以让各组织获得共同能力，免除重复劳动。医疗信息在多个医疗机构、多个区域平台中的交换共享的价值核心是保障数据的准确性与完整性。区块链技术下，所有参与数据生产和使用的各方均共同维护一份医疗数据账本，通过区块链的共识机制，实现对数据变更的记录，能够更高效地确保数据的准确性。

在区块链技术体系下，存储的医疗信息摘要上链，数据的使用和改变会被记录，因此数据存储机构不再能够在用户不知情的情况下随意使用用户数据，实现了存储和使用的权限分离。个体身份认证信息的分布式存储，避免了中心化存储被篡改、被盗用的风险。再通过区块链的多私钥的复杂权限保管，将数据使用权回归个体。数据的使用需通过用户授权从而实现个体医疗信息的隐私保护。例如，通过智能合约技术可以设置单个病历分配多把私钥，并且制定一定的规则来对数据进行访问，无论是医生、护士或者病人本身都需要获得许可才能够进行。

迪拜的医疗数据存储平台将通过区块链技术的高安全性来保护不可更改、分散的加密数据库，以验证数据的有效性和可靠性。该平台可以使公立、私立医院和医疗机构将病人的用药数据记录在 MoHAP 区块链中，医疗保健研究人员可以将这些数据汇总以更好地了解单个药物的使用和在病人中的使用效果，监管和卫生行政管理机构可以更方便地查询药物的使用情况，以便更好地了解区域医疗健康状况。

同时，新平台还将人工智能纳入医疗服务计划的一部分，使其成为积极应对未来挑战并专注于智能医疗保健的领先全球模式。

四、场景 4：区块链与房地产建筑

（一）建筑与房地产行业的现状与痛点

现代社会大家买房或租房大都是在网上搜索房源信息，通过中介进行房源考察，包括对文件真伪、合规的验证等，需要花大量的时间、精力，过程漫长而复杂，同时信息验证可能会出现错误，并且中介等第三方机构会收取一定的服务费用。

一般买卖房屋至少需要涉及 8 个利益相关者：土地登记处、买方和卖方、买卖双方各自的律师和抵押贷款提供者、抵押贷款调查人员、房地产经纪人。如此多的利益主体，交易过程相当复杂，且交易过程无法做到对外透明，跨境交易则更为麻烦。

房主、租户、物业、各供应商之间关系密切，因此，管理房地产开发商的财产是一项相当复杂的工作。从合约签订开始就有了付款、服务往来，更需要执行、追踪和记录。因此，房地产公司需要在财务、法务等管理环节中支付成本。

目前，地产行业的信息不对称不仅仅体现在个人交易者之间，在商业地产机构也存在，有价值的信息难以获取，这样的模式导致了数据冗余、重复、不透明。而管理者做出决策也是基于这样相对片面、静态的数据，而不是更加精准的动态数据。

（二）区块链技术如何赋能建筑与房地产行业

区块链房地产交易平台可以将房产地理位置、房价等各种细节都记录在数据库里，同时，商业地产的参与者可以为房地产开发数字身份，并且将市场参与者的信息和一些特征加入数字身份内，数据真实可靠不可篡改，极大简化了调查过程，降低了成本。

区块链可以将各方交易费用、交易时间、汇率等详细信息记录在"智能合约"内，在保证完成所有必需的步骤之后，款项才开始转移、从托管中解除或偿还给银行。通过这种方式，增加各方信任，加速交易，同时最大限度地降低结算风险。

区块链可以用"智能合约"的形式使财产和现金的管理更容易、透明、有效。同时，合同可以让租金自动支付给房主、物业和其他利益相关者。区块链可以让更多有价值的数据连接起来，建立共享数据库，便于参与方记录和检索，从而提高决策和分析的质量。

（三）区块链 + 建筑与房地产案例

────────── **案例69　雄安区块链管理平台** ──────────

雄安于 2018 年 8 月上线国内首家基于区块链技术的工程资金管理平台——雄安区块链管理平台。目前该平台已经接入多项工程，实现多个项目在融资、资金管控、工资发放上的透明管理，累计管理资金达到 10 亿元。[①]传统工程项目存在一系列痛点：违约转包导致责权不明；小微企业账期长、融资难、融资贵；资金挪用致使工期延误、工程质量存在隐患，农民工亦不能及时足额拿到工资，等等。区块链平台能避免传统资金发放过程当中因为信息不对称所造成的资金被挪用和截留的问题。

区块链技术在信息透明、智能合约应用等方面的优势，恰好能够为治疗痛点提供原型，解决传统资金发放过程中，因为信息不对称所造成的挪用资金、截留问题。

雄安区块链资金管理平台，利用区块链技术集成管理系统，具有合同管理、履约管理、资金支付等功能。借助该平台，就可以变单方管理为可视化的多

---

① 看！区块链在雄安[EB/OL]. [2020-04-18]. http://finance.sina.com.cn/wm/2020-04-18/doc-iircuyvh8556261.shtml.

方管理，对资金流向全程透明监管。

在资金拨付监管板块创建资金拨付监管账户体系，从而实现资金拨付管控，无论是补偿款，还是工人工资都能够按照规定流程自动发放，避免人为因素造成的资金滞留、拖欠等问题。

在线融资版块，为新区项目供应链上下游提供了融资渠道，打破中小企业融资难、融资贵的问题。利用区块链技术，根据适合的应用场景，打造在线融资模块，目前已经有相关金融系统落地，对小微企业融资授信。在 2018 年 6 月就利用区块链技术实现征信，并办理订单融资，授信金额达 400 万元。①

除了资金管理平台的运用，雄安集团还将区块链技术应用到工程管控上，变单向管理为可视化多向管理，资金流向实现全程透明监管。企业与总包商之间、总包商与分包商之间、分包商与施工人员之间所有的合同都上传到区块链平台，通过智能合约的方式，把支付规则确认下来，可以实现一键式、穿透式付款。

在城建工程中采用了 BIM（建筑信息模型）+CIM（城市信息模型）技术，将建筑产业链上的各法人主体（开发商、施工方、监理方、运营方）和个人提供数字化身份，为上链做好前期准备。待工程启动后，该项目的各个主体均需持私钥对资金流通进行签名确认，由此，工程款项到了哪个环节、发给谁、发放时间在链上一目了然。

雄安区块链拉开了城市创新发展新一代数字经济和社会治理的序幕。未来，雄安也将继续探索搭建自主知识产权的区块链底层基础平台，推进数据存储、溯源、交互和确权，进一步实现区块链技术在民生、交通、能源等多个方面的创新应用。

---

① 未来可期：区块链技术已在雄安这些领域探索应用[EB/OL]. [2018-07-31]. http://finance.sina.com.cn/china/2018-07-31/doc-ihhacrce1451572.shtml.

案例70　雄安区块链租房平台

区块链作为国家大力支持的一项新兴互联网技术，应用场景正在逐步扩大，目前已经落地到租房领域。

雄安区块链租房平台是国内首个把区块链技术运用到租房领域的项目。雄安"1+1+1"房屋租赁管理平台于2018年1月上线，由雄安政府主导，中国建设银行、蚂蚁金服、链家共同参与建立。该平台主要由三大子平台构成，包括租房租赁管理平台、诚信积分系统、区块链统一平台。在基于区块链技术的租房平台中，挂牌房源信息、房东房客的身份信息、房屋租赁合同信息将得到多方验证，不得篡改。此举有望解决租房场景最核心的"真人、真房、真住"的问题。

这意味着在雄安新区，每个人都将拥有个人租房诚信账户，记录其租房相关信息。在此基础上，政府进一步引入创新的租房积分规则标准，利用个人的租房积分，为公共房屋资源分配、社会治理提供坚实的参考依据。举个简单的例子，在该平台上，因为租房各个环节的信息都由区块链记录在案，其间会相互验证，因此租客就不必再担心遇到假房东、租到假房子了。

区块链技术在租房场景中主要可以解决以下三个难题。

（1）房源上链问题：区块链技术具有公开、透明、可追溯、数据不可篡改等特点，符合房屋租赁的基本需求；智能合约可以很好地解决目前房屋租赁过程中的房源不透明、信息不对称、合同设陷阱等诸多问题。

（2）服务难题：传统租赁领域，租赁房屋照片的拍摄、网络上传、带客看房、租后服务等都由房产中介完成，尽管中介的服务质量、收费标准、履约能力饱受质疑，但无可否认，健康的房屋使用权流转过程中，少不了这样的第三方服务，区块链可以代替租赁合同实现租赁权益的流转，却无法代替人来解决房屋租赁中所需要提供的服务。区块链提供技术，第三方来提供服务就能有效地解决这一问题。

（3）隐私保护：在房屋租赁领域，很多人不希望自己的居住信息被更多人知道，如果想要将房租租住权益链上确权，难免会触及很多人的隐私禁忌。通过前沿的"多方安全计算""零知识证明"等技术，实现数据可用不可见，可保证数据的安全性和个人隐私。

利用区块链技术，将出租房各个环节信息都记录在交易账本上，它们之间会相互验证，保证信息的真实。链上的出租屋也会衍生相应的通证，租客可以通过持有一定数量的通证和房东建立智能合约，免去房屋押金的烦恼；同时租客还可以利用通证去抵扣租金，一旦租客没有在约定的日期交付房租，数字钥匙将失效，租客也就无法进入房间。房源信息、房屋权益，一切的流转都在链上进行。

通过雄安新区对区块链租房平台的不断探索，在不久的将来，区块链技术将会为我们带来一个崭新的租房世界。

───────── 案例71 腾讯云混凝土区块链平台 ─────────

2020 年 1 月 9 日，首个建材溯源区块链平台——腾讯云微瓴混凝土质量区块链平台在深圳市宝安区正式发布。该平台由腾讯云微瓴团队和深圳市宝安区住建局共同打造，是行业中第一个基于云端及区块链的混凝土质量区块链溯源系统，支持多家混凝土搅拌站、施工单位上链，统一管理运营，可以有效帮助有关政府机构加强建筑行业监管。

这也是区块链技术在政府混凝土质量监管方面的首次应用，通过支持深圳市宝安区的多个混凝土搅拌站和施工单位上链，腾讯云微瓴混凝土质量区块链平台真实记录混凝土生产交接过程，实现质量信息溯源，为建筑初期建造阶段的建材质量保驾护航（见图 4-11）。

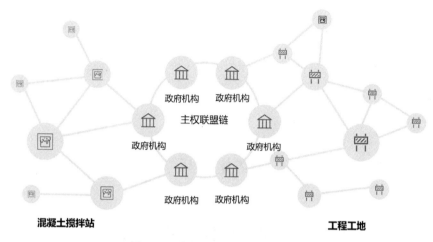

图4-11　主权联盟链各节点示意图
（资料来源：根据网络资源整理。）

　　混凝土行业是一个万亿级的市场，但行业排名前十的企业，单个市场份额也不到全国总量的10%。混凝土是最重要的建筑施工材料之一，在各地公路、桥梁、水利等工程的建设中被广泛应用，其质量对于建筑安全至关重要。劣质混凝土强度难以满足建筑设计要求，轻则形成麻面、露筋、蜂窝、孔洞现象，重则导致建筑坍塌。行业自律差、用户体验差、价格不够公开透明、资金周转长……区块链技术的介入将有效解决这些广受诟病的混凝土行业痛点。

　　在搅拌站、工地上链之后，传统手工时代的建设工程管理流程可以进一步优化。同时，作为住建领域首个由政府部门主导的联盟区块链项目，该平台可有效发挥政府监管行业的职能作用与市场自律相结合的制度优势，不仅从根本上解决混凝土交易信息可篡改、质量信息难溯源的问题，而且突破性地联动建材工业、搅拌站、工地等建筑产业要素，将建筑行业的全产业链条纳入建设主管部门的监管范围，为宝安区混凝土质量区块链平台提供数据接入、通证管理、运营监控等能力，助力政府部门和企业提升治理效能，构建跨部门的协作机制与层级化的监管能力。

同时，该平台依托腾讯云区块链 TBaaS 平台建设，支持在弹性、开放的云平台和私有化环境中快速构建区块链服务，简化区块链构建和运维工作，通过分层互联协议、可信身份、联盟协作治理等特性打造自主可控的区块链底层平台。

五、场景 5：区块链与文化娱乐

（一）文化娱乐行业的版权确权与溯源验真问题

文化演出市场的票务造假、结算周期复杂漫长是文化娱乐行业常见的问题，科技的力量能否带来行业的变化？而随着近年来音频、短视频、直播等新媒体的迅猛发展，催生了很多文化娱乐内容产业的新物种，给版权确权、维权交易带来了新的挑战。市场对内容版权越来越重视，尽管国家先后出台知识产权保护的政策与法律法规，但盗版侵权现象仍屡禁不止，为产权方带来巨大经济损失，也严重影响了原创作者的积极性。

传统版权保护手段以及交易方式效率低，沟通及各项成本都较高。版权申请过程长达 30 个工作日，时间成本相对较高。虽然目前的数字化技术使版权的传播途径得到了拓展，但是原创作品在网上传播时面临版权被侵害的风险也显著增大。据艾瑞数据统计，仅由盗版网络文学造成的经济损失每年可达 80 亿元人民币。[①]

除了常见的盗版侵权问题，文化娱乐内容产业还存在用户隐私安全问题，

---

① 深度观察：区块链如何解决数字时代版权保护的"痛点"[EB/OL]. [2020-03-07]. https://www.chainnews.com/articles/614120309876. htm?from=groupmessage.

优质版权过度集中于巨头、中心化平台，涉及内容分发、营销等多个层面，导致结算中间环节多、交易成本高等问题。

（二）区块链技术如何赋能文化娱乐产业

区块链作为比特币的底层技术，其数据块信息生成的时间戳和存在证明，可以实时记录并完整保存所有的交易记录。区块链的优势主要表现在不需要中介参与、信息开放透明且不可篡改、解决中介信用问题，为艺术品防伪和防欺诈提供了新的渠道，系统地保护艺术家的知识产权。

区块链技术由传统的信息传递到价值传递，从区块链技术可以嫁接共识机制，打消创作者顾虑，节省成本。由于交易是点对点方式，减少了中间的环节，为原创者增加收益，同时激发他们的动力去创作出更好的作品，艺术市场也成为区块链技术最适合应用的行业之一。

（三）区块链 + 文化娱乐案例

────── 案例72　百老汇区块链票务 ──────

根据 statista.com 的报告，2017 年全球"演出 + 体育"门票收入达 175 亿美元，2022 年该市场规模将达到 267 亿美元。那么区块链与现场演出行业有着什么样的联系呢？

如果你常看演出，一定也对黄牛党深恶痛绝，据 CNBC 报道说，大约 12% 的购买音乐会门票的人被骗了。在某些情况下，与会者购买了门票进入剧院后发现其他人坐在他们的座位上。这是由于同一张票的双重销售。使用区块链技术就可以控制第三方运营商的票务买卖。

百老汇的区块链票务就是一张具有"自我意识"的门票。在区块链中利用独特的哈希代码对其进行注册，从而创建一张区块链门票。这张门票拥有属性以及只有唯一所有者，并且会不断检查这些属性是否依旧井然有序，以及所有者是否相同。如此往复，一旦它意识到出现一个新的所有者，就会自动为每个新的所有者创建一个新的且唯一的代码，同时也会禁止任何人改变此票价格等属性。

其他属性包括售票的时间和地点，或者转售价格的上限应该是多少。由于区块链门票是以数字的方式存在，会根据艺术家、代理商和促销者的不同决定其规则。在销售时可以对门票设置规则，可设定该门票自出售日起一个月内不能转售，或直到实际活动日起前四周内方可转售。当它被转售时，要自动创建一个新的代码，而且门票的整个生命周期会被存档于区块链之中。

区块链上的每一张门票在生成、传送、储存和使用的全程中都被加上了可追溯但不可篡改的标签，以此来鉴别真伪，而门票的初始发售是由活动主办方或者票务公司进行，在区块链上的消费者持有链上所发行的通证便可购票，票务销售方仅需设定好票务总量与兑换比例即可。

基于区块链技术的不可逆特性，票务销售方可以控制每一张门票的出售、追踪门票的流向并识别转销者的身份，每条交易都会被记录到链上，无论是正常的购买行为还是不正常的倒卖行为都会在链上留下痕迹，疑似黄牛行为可做标记，确认后影响信任度将无法参与购票。这样一场演出或者比赛的售票环节从头到尾都由一方把控，相关成本也会下降。

与此同时，门票自身也会携带智能合约来调节后期票务的转售。例如，合约可以设定转让规则，规定门票在第一次出售后，一个月内不能转让，或者演出、比赛前 1 个月才可以转让，转让时的加价幅度、渠道同样可以提前设定，以此遏制炒票。

区块链技术在演唱会、大型比赛等场景的应用意味着或许不再有一级市场或二级市场，只有一个自由、开放和受监管的市场。通过智能合约进行市场监管，观众将绕过繁冗的过程，更加快速地来验证自己是否拥有一张真实的门票，黄牛的活动空间也将被大大压缩。

案例73　佳士得区块链拍卖

成立于 1766 年的佳士得（Christie）拍卖行是世界上历史最悠久、最著名的艺术品拍卖行之一，也是首家利用区块链技术记录拍卖数据的主要国际拍卖行。佳士得拍卖行在 2018 年 11 月 18 日使用区块链技术对拍卖销售的数据进行加密记录，试点项目将登记佳士得秋季拍卖的 Barney A.Ebsworth 艺术品，这是一个私人持有的 20 世纪现代主义美国艺术品，估计总收入为 3 亿美元。[①]

在传统的艺术品拍卖行业中，艺术品来源信息透明度低、真伪难辨。根据搜狐网的消息，每年全球艺术品和收藏品的伪造和欺诈市值高达 60 亿美元，几乎占整个主交易额的 10%。[②]

不付款和索赔事件经常发生，且艺术品溯源一般会通过纸质文件和收据进行筛选，缺乏合适的记录保留方式。

目前，拍卖行在中标人违约时会损失收入。为了防止这种情况发生，拍卖行通常要求参与拍卖者必须进行财务披露才能参加拍卖活动，但一些潜在的投标人不愿透露所要求的披露信息。

艺术收藏品通常会随着时间的推移而获得价值，一位艺术家最初可能会以低廉的价格出售一件作品。但多年后，一家拍卖行将其作品出售数次，艺

---

① 佳士得拍卖行在区块链上拍卖艺术品[EB/OL]. [2018-10-14]. http://www.ifintechnews. com/readnews/5209.html.

② 区块链真的能撕开艺术品造假黑幕？[EB/OL]. [2018-07-03]. https://www.sohu.com/ a/238998431_100165358.

术家从来没有获得除了第一次售出时的其他额外价值。

在之前的拍卖中，佳士得公开拍卖过我国圆明园流失的兔首、鼠首铜像（见图 4-12），如果那时候能够利用区块链技术为艺术作品溯源的话，链上就有了相关信息，就相当于为我国早先流失的艺术品开了一个证明，也可保证信息无法编辑，就不会空留遗憾了。

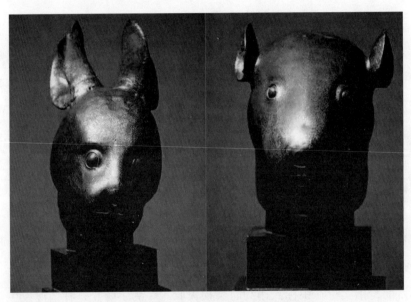

图4-12　圆明园流失的兔首、鼠首铜像图
（资料来源：根据网络资源整理。）

区块链技术的天然属性，使得每一笔交易都具有"可追溯性"，对 O2O 模式的艺术品电商而言，二者的匹配度极高。佳士得纽约采用了区块链技术执行拍卖详情的记录，记录拍卖艺术品生命周期中的所有重要信息，如出售、拍卖成交价、拍卖日期、名称、存放和盗窃记录，唯一没有存入的是所有者的身份，这将保证艺术品收藏家和投资者的隐私得到高度尊重。

通过区块链记录，所有有意向的买家都会得到有关艺术品历史的不可篡改且安全的记录，包括拍卖品的名称、详细描述、最终成交价格和拍卖日期，保证他们不会因为买到赝品而蒙受损失。每件艺术品拍卖后都会生成一个交易数字证明书，帮助佳士得确保在其场所拍卖的是唯一的原装艺术品。

区块链技术可以有效杜绝拍卖行业中以假乱真的现象，所有人可以通过追溯艺术珍品区块链获得确权信息，这有助于建立艺术市场的诚信机制并提高市场流动性，一旦发生造假信息将无法删除，并将溯源到任何一个关联人、物，也就将人们在现实生活中的信用初步引入到这一价值网络中。

还可以使对拍卖品的估值变得更加方便，所有权记录以及该艺术品的创作者详细信息都可以完备地记录在区块链上。还可以防止中标违约造成损失，平衡利益竞争环境，实现艺术品的共享等，解决中介信用问题，为艺术品防伪和防欺诈提供了新的渠道，系统地保护艺术家的知识产权。

案例74　"度宇宙"文娱应用生态平台

文化娱乐是社会生活的重要组成部分，满足了人们学习、休闲的需求，在一定程度上搭建着我们的精神世界。随着互联网的兴起，大量文化娱乐项目以数字化的方式存在于网络世界里，人们在这个与现实几乎平行的虚拟空间里获得了诸多快感。传统游戏依靠中心化服务器运作与存储的机制不可避免地带来一些弊端。

首先，信息安全难以保障，用户隐私泄露、虚拟数字资产被盗取经常出现，而一旦应用不再运营，无法顺畅实现价值流通，用户在该款应用中苦心经营的虚拟资产也将同时丧失。其次，在游戏中，道具、英雄等的抽取概率、游戏直播平台的真实观看人数并不能完全公开，玩家处于雾里看花的状态。最后，尤其是在游戏项目中，开发者和玩家地位不对等，开发者可以随意更改规则侵犯玩家的利益来达到自己利益最大化，引发用户的信任危机，真正关注游戏体验的开发者并不多。

以上的这些问题，不论技术如何提升，游戏模型如何设计，仿佛都是中心化游戏难以逾越的鸿沟。区块链技术的诞生与发展，让人们看到了解决问题的曙光。

百度推出的区块链原生应用"度宇宙"于 2018 年 6 月 8 日 10 点正式上线，作为百度超级链的首款原生应用，度宇宙是以区块链为基础的文娱应用生态平台，构建了一个集"区块链 + 娱乐 + 社交"于一体的数字世界，通过丰富的应用场景和社区自治的模式，让用户在体验中认知和体会到区块链的价值和优势，从而获得更高质量的娱乐体验。

首先，度宇宙将资产信息上链，基于区块链的分布式记账特点，有效规避对单一节点的攻击导致的数据丢失问题。同时，区块链上的数据永久存在且不可篡改，用户的资产也就永久存在；基于区块链安全系数高的特点，盗号、欺诈、外挂等顽疾在区块链游戏中也将无处遁形。

其次，链上信息公开透明，度宇宙项目方无法进行数据造假、滥发商品和道具，使用户具有更平等的权利，进而规避传统模式中的矛盾和纠纷。没有中心服务器的好处在于，游戏运营商和广大玩家群体对游戏数据的知情权是相同的。这就防止了游戏运营商由于垄断数据而带来的不公平。

再次，度宇宙依托百度平台的庞大用户基础，快速吸引用户入驻，并为用户分发精品内容。通过盘活度宇宙内的生态，未来可以为海量应用提供精准的流量导入，还能将游戏内经济的支配权从集中的组织者还给广大的玩家。

最后，从度宇宙的生态环境来看，中间商的存在其实是对整体价值的损耗，区块链游戏价值的回归在于将开发商和玩家放到核心位置，降低成本，提高效率，如此才能真正促进游戏行业的良性发展。

区块链游戏如果能大获成功，将会是中小游戏公司的福音。区块链游戏的发展，不仅会大大削弱渠道商的优势，也会打破巨无霸公司对于游戏的霸权。

—————— **案例75　腾讯《一起来捉妖》** ——————

《一起来捉妖》是由腾讯游戏创新工作室与腾讯区块链联台开发的一款以增强现实技术（AR）抓宠玩法为核心体验且使用区块链技术储存游戏中数字宠物的休闲类手机游戏，于 2019 年 4 月 11 日正式上线。在这之前，国内还没有一款以区块链技术作为背景的手机游戏，其上线后在短短数小时之内就以现象级手游的趋势登上各大 App 排名的榜首。下面将以《一起来捉妖》为线索，展开描述"区块链 + 游戏"的生态现状与展望。

在《一起来捉妖》中，当玩家将角色等级提升至 22 级时，便会开启专属猫这一玩法，区块链则作为技术支持与交易模式被内置在了"专属猫"这块内容当中。玩家无须付出学习成本与经济成本，只需花费少量的时间与精力去玩这款游戏，便能够在收获快乐之余获得系统赠送的专属猫，而这只专属猫正是游戏内公链的数字资产。换言之，这只猫就相当于系统奖励给玩家的虚拟货币，而游戏本身则能够作为一个公链载体供玩家在上面完成货币流通，也就是专属猫的支付与转让（见图 4–13）。

充分利用智能合约
游戏逻辑上链
道具上链
分配上链
随机上链

为虚拟资产确权
去中心化思路
虚拟资产一定属于玩家，而不是服务器

收益共享
玩家是你最好的投资人
社群是你最好的合作伙伴
设计让他们兴奋的去中心化模式

公开透明
放弃过去套路中的隐形规则

图4–13　《一起来捉妖》区块链底层技术特性
（资料来源：根据网络资源整理。）

腾讯此次在游戏中大胆尝试区块链技术，想给众多玩家不一样的游戏体验，那么基于区块链技术的手机游戏，又和我们普通手机游戏有什么不同呢？

（1）所有权。在区块链里存在上链，只要游戏上链了玩家的资产就可以随时地交易，并且游戏的运营方无权限制以及修改用户的属性，这时玩家在游戏所获得的就会完全属于玩家本身，就算这个游戏关闭了，你在游戏内的物品依旧可以进行交易。

（2）公开市场。如果我们可以完全控制自己的资产，那么我们就能进入公开市场。游戏道具是一个巨大的市场，价格也非常疯狂。

（3）数据。通过区块链账本多节点记录独一无二的线上数字藏品，虚拟道具内容、数量，抽取概率等核心数据并存储于区块链上，游戏运营方无法滥发游戏商品和道具。

区块链提供的数据持久性也让我们能够在已停止开发或已关闭的游戏上构建新游戏。在区块链上的道具数据将永远可读，我们可以使用这些数据作为新游戏的基础或在其他接受它的游戏中使用。

最后要说的是，很多游戏玩家都热衷技术，所以他们会比普通用户更容易进入区块链，虽然我国目前区块链游戏还处于发展和探索期，但是相信在不久的将来，区块链技术可以使游戏行业走进下一个纪元。

六、场景 6：区块链与能源

（一）能源产业内部的痛点

近年来，全球能源需求增长缓慢，能源转型推动新能源快速发展，能源消费结构清洁化趋势明显。在新政策背景下，我国的能源需求增长速度每年下降 1% 左右，从 2004 年高达 16.84% 的增速一路下降至 2015 年的最低点 0.96%，不到自 2000 年以来的年平均水平的 1/6。截至 2016 年，我国能源消费构成中，煤炭和石油占比已经从 2000 年的 90.5% 下降至 80.3%，而能源供给构成中，天然气、水电、核电和风电等能源供给也一直在稳步增加。然而我国能源供给结构依然存在大量痛点，包括供给垄断、结构转变缓慢、清洁化不足、价格非理性和供给动力不足等问题。自 2009 年以来，国家开始大力推进能源行业的供给侧改革，卓有成效但阻力依旧。

（二）区块链技术如何赋能能源产业

据行业调研机构 GTM Research 发布的报告，能源已经成为区块链技术应用最为广泛的领域之一。根据 GTM Research 的调查，截至 2018 年，全球范围内仅电力行业就有超过 70 个区块链相关示范项目正在部署或规划之中。区块链在能源领域的应用，目前主要集中在能源互动、能源计价、资产货币化、能源安全等方面。

一是以区块链技术推动多能互补。区块链技术可以记录不同能源系统实时产生的信息和流动状态。不同能源系统通过动态共享数据，优化自身系统，能更好地协调各分布式电源、储能装置等各类型能源之间相互调度，实现多能互补，缓解能源供需矛盾。

二是应用于碳交易。目前，碳交易市场存在着交易体制不健全、数据流通不畅、宏观调控缺乏数据支撑、交易无法追踪溯源等众多痛点。区块链技术以所记录数据作为价值载体，可以将碳资产数字化。其节点共享、可追溯的特点可以使碳交易实现实时跟踪和记录配额分配，让碳交易市场更加透明、有序。

三是应用区块链优化能源交易模式。利用区块链 P2P 网络通信技术，有助于实现消费者自动购售电服务，实现交易过程中的电量信息、用户身份信息、企业信息等数据数字化实时信任的建立，提升交易和结算效率。

四是能源区块链优化源、网、荷、储。区块链运用数据加密、时间戳、分布式共识等技术手段，可构建面向源、网、荷、储全链互动的区块链能源交易和监管，实现大规模源、网、荷、储实时跟踪记录和精准管理。

当前的能源互联网存在各个主体的信任危机，"区块链 + 能源"恰好利用区块链技术，不依赖电网这样的中心化的企业来解决参与能源互联网的各方主体彼此信任的问题，这是"区块链 + 能源"的真正意义所在。当前的油气行业正逐渐数字化、智能化，从油气勘探开采、管道运输监测，到用户消费需求管理，区块链的加密算法能够让物流运输各个环节更加安全，从而大幅降低国际贸易中诈骗活动的可能性。

（三）区块链 + 能源案例

────────── 案例76　中化能源科技区块链汽油贸易 ──────────

2018 年 3 月 30 日，中化集团下属中化能源科技有限公司针对一单从中国泉州到新加坡的汽油出口业务，成功完成了区块链应用的出口交易试点，这是首个有政府部门参与的能源贸易区块链应用项目。

这一次试点经历的流程复杂，是全球第一次包含了大宗商品交易过程中的所有关键参与主体的区块链应用。利用区块链技术不可篡改、不可伪造的特点，将跨境贸易各个关键环节的核心单据进行数字化，对贸易流程中的合同签订、货款汇兑、提单流转、海关监管等交易信息进行全程记录，大大提高了合同执行、检验、货物通关、结算和货物交付等各个环节效率，降低了交易风险。根据新华网的报道，相比传统方式，区块链智能合约的应用可以大幅提升原油交易执行效率，提高整体流程时间效率 50% 以上，优化 20% 至 30% 交易融资成本。[①]

石化大宗商品交易现状呈现出竞争加剧与市场越来越透明化的趋势，产业毛利越来越低。所以大宗商品贸易流程运营效率的提升是关键，通过提升运营效率、降低运营风险，从而减少运营成本、缩短资金占用时间，以及提升资金的利用率。以原油贸易为例，从原油采购合同拟定和信用证开立，到原油到港通过"一关三检"的端到端全流程区块链应用原型验证，减少了数据流通、人工审查等环节，交易执行效率、交易执行安全、交易盈利空间三大主要方面都会得到显著提升。

目前来看，能源互联网在中国的落地并不受限于技术的落后，事实上，中国能源系统的信息化水平和产业技术实力接近甚至超过部分发达国家。而以电力市场和能源供给侧改革为时代背景，区块链技术具有去中心化、公开透明、安全可信的特点，为解决能源系统中的交易摩擦提供了重要技术手段，将对我国能源领域等诸多方面产生广泛而深远的影响。

——————— 案例77　上海煤炭交易所煤贸金链 ———————

2018 年 12 月，由上海煤炭交易所发起，国内各大煤炭交易市场、煤炭流通港口、大型产业用户、金融机构共同组建的煤贸金链正式上线，以区块链技术赋能煤炭贸易融资，以此解决大宗商品融资难的问题。

煤贸金链是针对煤炭贸易与供应链信息分布式记账的专业化联盟链，旨

---

① 中化能源科技初战告捷　完成全球首单区块链+能源试点[EB/OL]. [2018-04-03]. http://www.xinhuanet.com/itown/2018-04/02/c_137082689.htm.

在建立一套切合产业现实情况的煤炭贸易信用传递机制，通过各大关键节点企业、平台的限制性的资源共享，最大化提升合作产出效果与产业实际价值，在交易场景下保障买卖双方的交易安全，在融资场景下，帮助金融机构在复杂多变的煤炭贸易中，快速实现业务鉴真和风险可控。联盟链上各个记账节点依托各自拥有的庞大资源，基于区块链的可信商业模式，实现合作共赢（见图 4-14）。

以区块链技术为纽带组建产业联盟

图4-14　煤贸金链布局

（资料来源：根据网络资源整理。）

煤炭融资不同于普通贸易融资，融资单笔金额较大，在水煤业务中单笔贸易金额就超过了 2 000 万元，业务涉及银行多个部门和多个环节。在传统模式下，银行需要进行长期、复杂的企业和业务资料收集、评估、审核过程。其中最大的风险就是伪造交易场景和单据的造假风险。煤贸金链通过对整个煤炭贸易、供应链环节的全程掌控，及时获取并记录了各环节的真实信息，满足银行等金融机构对贷前调查、贷中审查、贷后管理的实时监控要求，减少了人力投入，提高了管理效率，并实现了信息的集中链上管理。帮助银行及时、准确地进行信息验证和对比，确保每一笔煤炭贸易的真实性，为银行等金融机构把好了风险关。

上海煤炭交易所常务副总裁也曾表示，煤贸金链不只是一个产品，更是一种模式上的创新。第一，它是一套基于区块链技术的软件产品，是信息系统；第二，它是一套面向煤炭供应链信息的增值商业模式，是让联盟链各个节点都能够获取收益的一套商业模式；第三，它同时也是产业联盟，是产业里面这么多的企业达成的共识，共同遵守的游戏规则。

根据上海煤交所披露信息，截至 2019 年 4 月，煤贸金链已共建立 4 个联盟节点，实现 800 多个区块高度，这个区块高度对于公链来说很低，但对煤炭产业来说这是不小的业务：累积已经实现 200 多万吨煤炭的交易量，10 亿元以上的融资金额。[①]

七、场景 7：区块链与物联网

（一）区块链与物联网行业结合的现状与机遇

物联网是新一代信息技术的重要组成部分，也是信息化时代的重要发展阶段。物联网通过智能感知、识别技术与普适计算等通信感知技术，广泛应用于网络的融合中，也因此被称为继计算机、互联网之后世界信息产业发展的第三次浪潮。物联网是互联网的应用拓展，与其说物联网是网络，不如说物联网是业务和应用。因此，应用创新是物联网发展的核心，以用户体验为核心的创新是物联网发展的灵魂。

---

① 上链行动 | 周欣晟：区块链在大宗商品交易应用探索 [EB/OL]. [2019-06-19]. https://www.hulianmaibo.com/posts/info/16396.

物联网在长期发展演进过程中，遇到了以下几个行业痛点：个人隐私、架构僵化、通信兼容和多主体协同等。

在个人隐私方面，主要是中心化的管理架构无法自证清白，个人隐私数据被泄露的事件时有发生。

在架构僵化方面，目前的物联网数据流都汇总到单一的中心控制系统，随着低功耗广域技术（LPWA）的持续演进，可以预见的是，未来物联网设备将呈几何级数增长，中心化服务成本难以负担。据 IBM 预测，2020 年万物互联的设备将超过 250 亿个。

在通信兼容方面，全球物联网平台缺少统一的语言，这很容易造成多个物联网设备彼此之间的通信受到阻碍，并产生多个竞争性的标准和平台。

在多主体协同方面，目前，很多物联网都是运营商、企业内部的自组织网络，涉及跨多个运营商、多个对等主体之间的协作时，建立信用的成本很高。

（二）区块链技术如何赋能物联网产业

区块链凭借主体对等、公开透明、安全通信、难以篡改和多方共识等特性，对物联网将产生重要的影响。多中心、弱中心化的特质将降低中心化架构的高额运维成本，信息加密、安全通信的特质将有助于保护隐私，身份权限管理和多方共识有助于识别非法节点，及时阻止恶意节点的接入和作恶，依托链式的结构有助于构建可证可溯的电子证据存证，分布式架构和主体对等的特点有助于打破物联网现存的多个信息孤岛桎梏，促进信息的横向流动和多方协作。

（1）节点异构性的根本原因并非物联网设备在技术上无法互联，而是不同节点的互通性受到安全问题的束缚。因为一旦某个物联网节点的数据经过其他服务商或者个人的智能节点进行数据传输，数据本身就有可能被非法篡改或者丢失，造成系统可靠性的下降。通过区块链的数据加密技术和 P2P 互联网络，这个信任问题就可以迎刃而解。

此外，多个物联网运营商进行合作，必须在利益分配上达成一致。一般来说，如果不同的物联网运营商需要实现资源共享，必须首先在顶层设计好双方结算的系统，这种中心化互联的方式所需要的管理和实施成本非常巨大，以至于很难实现。而通过使用区块链技术，不同所有者的物联网设备可以直接通过加密协议传输数据，并且可以把 Token 作为交易结算的基础单位，把数据传输按照交易进行计费结算。

（2）针对设备数量巨大的问题，区块链技术为物联网提供了点对点直接互联的方式进行数据传输，整个物联网解决方案不需要引入大型数据中心进行数据同步和管理控制，包括数据采集、指令发送和软件更新等操作都可以通过区块链的网络进行传输，为解决设备拓展的成本难题提供了可行性方案。

（3）针对数据的安全性问题，区块链技术为物联网提供了去中心化的可能性，只要数据不是被单一的云服务提供商控制，并且所有传输的数据都经过严格的加密处理，那么用户的数据和隐私将会更加安全。

（三）区块链 + 物联网案例

────────────── **案例78　众安科技"步步鸡"** ──────────────

作为互联网底层技术之一的区块链，影响我们日常生活的方方面面，就像互联网和移动互联网在过去十年里表现出的那样。在现阶段，零售业已经广泛地连接到了互联网，并拥有高网络效率。考虑到这一点以及新技术不可避免的发展，区块链对新零售的影响可能会比我们之前预期的还要快。

众安科技的"步步鸡"项目于 2018 年 6 月 20 日上线，"步步鸡"将区块链、物联网和防伪技术相互结合，可以追溯每只鸡的成长过程。"步步鸡"在养殖过程中，除了对饲料方面、出栏周期、日常运动方面有严格把控，每只鸡脚上还会绑定唯一的脚环令牌，可以实时记录鸡的地理位置和计步信息。如果防伪标识在鸡送到用户手上之前被撕毁，数据就立即无效。这样一来，可以防止信息被多次复制，实现每只鸡的防伪溯源。

"步步鸡"每只鸡从鸡苗到成鸡、从鸡场到餐桌的过程中，打通了从鸡苗的供应源、养殖基地，到屠宰加工厂、检疫部门、物流企业等环节的信息壁垒，前端采集的数据会实时同步上链，并接入安链云生态联盟链，所有信息通过区块链进行流转。

消费者收到鸡后可以通过产品溯源 App 进行防伪溯源信息查询，获得关于这只鸡的生态培育记录、饲料疫苗信息、养殖基地信息、检测报告及质检证书等。

通过"步步鸡"的养殖，把区块链技术结合新零售溯源很形象地呈现了出来，那么从技术方面来讲，区块链又是如何应用在新零售领域中的呢？

首先，利用区块链技术将不同商品流通的参与主体的供应链和区块链存储系统相连接。其中包括原产地、生产商、渠道商、零售商、品牌商和消费者，使每一个参与者信息在区块链的系统中可查可看。

其次在区块链联盟链的运营商，大致分为以下几种：联盟链、自动化、可视化、数据效率、跨链桥接，每一个环节都有一整套的运行机制，数据链信息具有全面性、自动化、公开化、高效性、合理性和联动性的特点。同时还通过大数据舆情帮助企业开展品牌文化宣传等智慧营销活动，实现企业和消费者收益最大化。

最后，基于零售行业天然具有交易数据碎片化、交易节点多样化、交易网络复杂化的显著特点，商品生产、流通、交付等信息的采集、存储和整合是端到端的零售供应链管理的核心命题。而全流程信息的可信、可靠、可查、安全性又是消费者、监管部门和电商商城最为关心的。区块链技术整合了多个交易主体的共识机制、分布式数据存储、点对点传输和加密算法等多项基础技术，天然适用于零售供应链的端到端信息管理，为消费者保驾护航。

区块链是适应新环境下的必然产物，发展趋势必然迅速蔓延至全部行业，尤其是电商行业。应紧紧抓住时代机遇，在新形势下，因势利导，促进行业更好地适应新科技发展的大环境。

案例79　新加坡Yojee的物流车队调度系统

随着时代的发展，越来越多的人选择线上购物，足不出户便能从网络上买到自己想要的产品。各大电商平台也策划了很多类似"618""双 11"的活动，快递物流已经是电商平台不可缺少的一部分。对于物流业而言，尽管传统物流行业得益于电商行业的发展，在近几年来成长迅速，但依然存在一些问题没有得到解决，例如效率低、经常出现丢包爆仓现象、错领误领、信息泄露、投诉难、物流业务链条长导致资源没有充分利用等。还有数据安全隐患，在互联网、物联网时代变得非常重要，现有的技术如何才能保障物流配送的时效性与安全性？

Yojee 公司是新加坡的一家初创公司，成立于 2015 年 1 月，致力设计自动化物流网络，为物流公司提供实时跟踪、提货与交货确认、开票工作管理，以及司机服务质量评价功能。在新兴技术大潮中，Yojee 选择了区块链与人工智能技术，并使用它们开发了物流车队调度系统，可实现自动化调度与去信任问题，提高中小物流企业的竞争力。

　　一般的公共服务平台都会存在信息泄露的问题，但 Yojee 通过区块链技术，促成平台上物流公司相互合作的同时也可以保障各自的线路与客户信息不会被其他人知晓，确保公司与客户利益。并且，区块链还确保了这种保护处于公开透明的状态，排除作假的可能。

　　货物的运输流程也可清晰地记录到链上，从装载、运输、取件整个流程清晰可见，可优化资源利用，压缩中间环节，提升整体效率。通过区块链记录货物从发出到接收过程中的所有步骤，确保了信息的可追溯性，从而避免丢包、错误认领事件的发生。对于快件签收情况，只需查下区块链即可，这就杜绝了快递员通过伪造签名来冒领包裹等问题，也可促进物流实名制的落实。并且企业也可以通过区块链掌握产品的物流方向，防止窜货，利于打假，保证线下各级经销商的利益。

　　Yojee 的服务平台使用大数据技术作为智能调度，用来提高整体效率，而区块链技术则用于跟踪与交易记录、交易信息处理，通过区块链公开透明的特点与智能合约的自动化订单处理与交付服务，可以降低物流过程中产生的费用，同时防止记录被篡改所造成的欺诈与交易纠纷，特别适合小型物流公司使用，也很符合新加坡物流行业的特点。

　　还有一点要强调的是区块链技术结合大数据技术还可以优化车队的运输路线和日程安排，把车队信息存储在数据库里，区块链的存储解决方案会自主决定车队的行驶路线和日程安排。还可对过往的运输经验进行分析，不断更新自己的路线和日程设计技能，使效率不断提高。对于收货人来说，不但能从货物离港到货物到达目的港为止全程跟踪其物流消息，并且还能随时修改优化货物运输的日程安排。

　　区块链技术已经在物流、航运方面崭露头角，那么随着物联网、5G 时代的到来，区块链作为底层技术，也会融入我们生活的方方面面。

案例80 全球区块链货运联盟（BiTA）

BiTA 成立于 2017 年 8 月，是世界上最大的区块链商业联盟，其成员包含数百家全球货运公司，总规模超过 1 万亿美元。该货运联盟的目标是要为全球货运和物流公司开发出区块链技术标准，并提高全球供应链的安全性。

货运及物流行业是已经准备好迎接变化的领域之一。这个行业的年收入2015 年约为 8 万亿美元，预计到 2023 年将达到 15.5 万亿美元以上。全球国际供应链在开展自由贸易方面越来越依赖技术。

尽管货运行业是现代社会的重要组成部分，但它在技术进步和运营生产方面仍然较落后。许多问题的根源都在于该行业的分散特点，整个物流过程透明度很低，没有任何一个参与方来承担很多重要责任。据美国联邦调查局统计，每年有价值超过 300 亿美元的货物被盗。BiTA 联盟希望能够尽量把货运及物流行业中的各方整合到一起，共同探讨区块链技术的应用，从而提高货运流程的透明度及效率，使该行业变得更加先进（见图 4-15）。

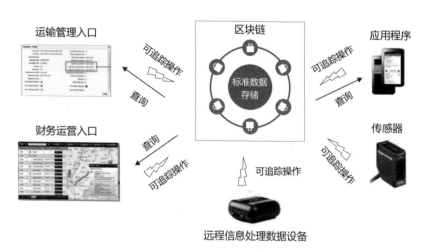

图4-15 区块链物流管理示意图
（资料来源：根据网络资源整理。）

当今国际物流的发展，离不开经济全球化的发展。在经济全球化的推动下，资源配置已从一个商家、一个地区、一个国家扩展到整个世界。国际物流在国际贸易和全球资源配置中发挥着越来越大的作用。针对各国不尽相同的物流标准体系，全球化的物流标准显得尤为必要，运输业区块链联盟 BiTA 的成立就是想为全球货运和物流公司制定和推广通用性的区块链标准。

BiTa 联盟目前有将近 60 个成员，还有来自世界各地的 300 多家公司在申请加入。为了提高货运行业的安全性和透明度，运输联盟采用区块链的一些特点在其加盟成员中加入了一些大公司。像联邦快递（FedEx）、通用电气（GE）、京东物流（JD Logistics）、联合包裹服务公司（United Parcel Service Inc.）、普利司通（Bridgestone Corp.）和德国软件公司 SAP 等都加入了 BiTA。

八、场景 8：区块链与新零售

（一）新零售行业在不断进化中的机遇与挑战

互联网时代，零售模式风云变化，稍有风吹草动，商业模式就会随之变动。每一个新的销售运营的理念或者概念的出现，都会在各界掀起一番浪潮，各界商户也会在新理念的引导下，进行自身的调整和升级，以适应新的形势变化。

互联网大潮的冲击下，各行各业都产生不同程度的变化，而零售行业却是受其影响最大的行业。在这样一个时间节点上，S2B 商业模式是最合适不过的，这是零售行业发展到一定阶段必然出现的结果，是时代的产物。

确切地说是 S2B2C，即一个强大的、数据化的供应链平台（S），与千千万万个直接服务客户的商家（B），结合人的创造性和系统网络的创造力，以低成本与用户（C）进行更有效的互动。目前，新零售行业仍面临着以下挑战。

（1）商品溯源的问题还要往前去追溯，最好能够将该商品的生产环境给记录下来。如果这些数据能够如实记录，对于增加商品的可信度会有很大帮助。

（2）录入多重信息记录都是在单一的系统中，而该信息系统是中心化系统，可能存在单一个体作恶的问题。市场经济下，篡改信息是不可避免的，这就容易导致消费者对商品产生信任危机。

（3）目前主流的系统在整个商品的供应链中，存在信息孤岛问题。通常情况下整个供应链存在多个信息系统，而信息系统之间很难交互，导致信息核对烦琐、数据交互不均衡，最后造成线下需要太多的核对及重复检查才能弥补多个系统交互的问题。

（4）当前信息泄露现象严重，消费者无法保护个人隐私，对商品购买的数据安全产生担忧。

（二）区块链技术如何赋能新零售行业

区块链的五个特性可以针对性地解决当前新零售所面临的问题。

（1）去中心化。由于区块链使用分布式核算和存储，不存在中心化的硬件或管理机构，任意节点的权利和义务都是均等的，系统中的数据块由整个系统中具有维护功能的节点来共同维护。去中心化的系统自身能够保证其真实性，避免了中心化系统中存在单一个体作恶的情况。

（2）开放性。区块链系统是开放的，除了交易各方的私有信息被加密外，区块链的数据对所有人公开，任何人都可以通过公开的接口查询区块链数据和开发相关应用，因此整个系统信息高度透明。这一特性能够有效运用到商品溯源中，消费者能够时刻掌握商品处在哪个环节，进程更加清晰明了。

（3）自治性。区块链采用基于协商一致的规范和协议（比如一套公开透明的算法），使得整个系统中的所有节点能够在去信任的环境中自由安全地交换数据，使得对人的信任变成了对机器的信任，任何人为的干预不起作用。这个特性有效地解决了信任问题，减少了人为作假的可能性。

（4）信息不可篡改。一旦信息经过验证并添加至区块链，就会永久地存储起来，除非能够同时控制住系统中超过 51% 的节点，否则单个节点上对数据库的修改是无效的，因此区块链的数据稳定性和可靠性极高。这一特性保证了交易的公开透明和不可篡改，进一步减少人为作假的可能性。

（5）匿名性。由于节点之间的交换遵循固定的算法，其数据交互是无须信任的（区块链中的程序规则会自行判断活动是否有效），因此交易对手无须通过公开身份的方式让对方对自己产生信任，对信用的累积非常有帮助。这就能有效解决消费者个人隐私泄露的问题，让消费者能够更加安心地享受服务。

同时，基于区块链营造的信息公开的环境，各服务商可以减少戒备，增加彼此合作的可能，实现"区块链 + 新零售"系统中的每一个个体都在为整体的发展做出贡献，用户享受消费同时提供消费数据，服务商提供优质服务的同时根据用户反馈的数据进行商品的优化、提供更好的服务，从而打造一个全新的商业生态系统。

（三）区块链 + 新零售案例

—————— 案例81　区块链为五常大米"验明正身" ——————

黑龙江五常因地处偏北，水质清甜零污染，其出产的五常大米被《舌尖上的中国》评为"中国最好的稻米"。但因为五常大米名声大且产量不高，市场上出现了大量的假冒伪劣产品，普通市民难以分辨，因此五常市政府积极寻求科技的力量为这张东北名片正名。

由于现代食品种养殖、生产等环节繁复，食品生产加工程序多、配料多，食品流通进销渠道复杂，食品生产、加工、包装、储运、销售等环节都可能引发问题，出现食品安全问题的概率大大增加，而相应的追溯和问责的难度也不断上升。而传统的食品溯源体系尽管不断在发展，但由于其缺少有效的管理和规划，并未能实现全面有效的食品追溯。

区块链技术不可篡改、去中心化的特征能够帮助解决食品行业的信任问题，它让往日沉寂的食品溯源有望成为保证食品质量、打击假冒伪劣的一个日常工具，在区块链食品溯源的普及下，相应溯源标志将成为商品质量保证的一个重要证明（见图4-16）。

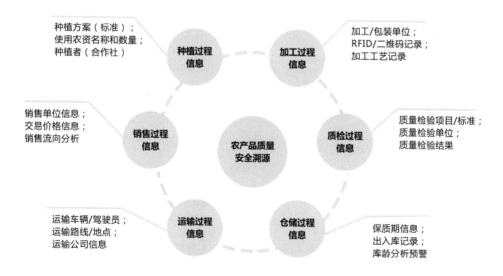

图4-16　区块链农产品溯源上链信息示意图

（资料来源：根据网络资源整理。）

2018 年 8 月，五常市政府与阿里巴巴集团旗下天猫、菜鸟物流及蚂蚁金服集团展开全面合作，其中五常大米将引入蚂蚁金服区块链溯源技术。从 9 月 30 日开始，五常大米天猫旗舰店销售的每袋大米都有一张专属"身份证"。用户打开支付宝扫一扫，就可以看到这袋米从具体的"出生地"用什么种子、施什么肥，再到物流全过程的详细溯源记录。

这一张张"身份证"的背后是一个联盟链，链上的参与主体为五常大米生产商、五常质量技术监督局、菜鸟物流、天猫。你可以把它想象为一张完全透明的"身份证"，每个参与主体都会在"身份证"上盖一个"戳"，所有"戳"都不可篡改、全程可追溯。参与主体之间的"戳"彼此都能看到，彼此能实时验证，假"戳"和其他"戳"的信息会被立即发现查处（见图4-17）。

图4-17 大米链上的供应链追踪示意图
（资料来源：根据网络资源整理。）

食品安全溯源只靠区块链是不行的，区块链和物联网技术的叠加是大势所趋。市面上的假五常大米，主要假在真米中掺杂假米。五常市政府为此已经在利用物联网技术，将大米种植地、种子和肥料信息实时录入系统，以严格把控和追查大米总产量。如今，这一系统成为该联盟链的一个节点，从而实现从种植到物流的全流程溯源。

案例82　支付宝双十一区块链新零售

新零售是什么？马云关于新零售是这么表述的："电子商务可能很快被淘汰，纯电子商务是个传统的概念，未来只有新零售。线下的企业必须走到线上去，线上的企业要走到线下去，和物流在一起建立新的零售模式，让企业库存降到0，才达到物流的本质。"

传统电子商务的出现，让商家与消费者的交易突破了时间、地点的限制，极大降低了交易双方信息传递的成本，但其代价却是信任成本的增加。消费者网购商品质量参差不齐、产品实物和描述严重不符，消费者权益无法保障，实则是线上信息和实际情况不匹配。信任与价值的传递问题得不到解决，导致电商的诚信问题日渐严重。源头无法追溯，假货横行、以假乱真的现象屡见不鲜，"空买空卖"刷单刷评论也是令人头疼的问题。虚假评价盛行，使得消费者无法客观判断商品的好坏，严重影响着电子商务消费者的购物体验。

区块链技术则是真正能够助力零售走向新零售时代的关键所在。无论是技术、信息处理、数据集合，还是运营、成本、效率等方面，区块链技术的加持都在加速真正新零售时代的到来。

区块链与新零售结合，便可以实现产品信息的透明化。通过将商品相关信息打包上链，区块链会记录每一件商品的真实生命轨迹，消费者便能通过相关智能终端实现对每一件商品的溯源，这对于商家与消费者之间构建良好的消费关系，形成良好的消费生态，作用巨大。

2019 年的天猫双十一，支付宝也首次将区块链技术应用于淘宝卖家秀上，为商家上线区块链盗图维权工具，让盗图维权更为简单。根据 TechWeb 的相关新闻报道，有超过 4 亿件跨境商品添加了区块链"身份证"，比 2018 年多了 2.7 倍。[①]

那么"区块链＋新零售"都有哪些具体场景呢？目前应用最多的主要是商品生命周期跟踪和商品全流程物流跟踪两大场景。

商品生命周期跟踪，就是我们常提到的商品溯源。通过区块链技术多中心共识网络进行分布式监管来共同维护区块链，用户可通过分布式的区块链，去信任地完成每一步操作，随时查询到相关的记录。系统内所有参与的角色，都拥有独享的私钥和公钥，确保系统中每一笔操作都可确认到行为人，大幅降低风控和维护的成本。

此外，在链上调用溯源存证合约具体执行并存储，通过主链保证了数据的可信性、不可篡改、可追溯，通过区块链保证交易安全可靠。

在销售领域，商品信息在区块链上详细记录，从材料采购、工厂加工、物流运输、商品入库再到发货配送，所有环节数据都在区块链上上链，达到源头可控、来源可追溯、去向可追踪，这些都保证了电商平台货源的可靠性，顾客不会再对于收到货品无法辨别真假而感到头痛。

在区块链赋能下的货物全流程追溯，就是通过区块链技术打造一个可信网络，货物的运输流程均清晰地记录到链上，装载、运输、取件等整个流程都清晰可见，通过各方独有的签名进行全网验证，以达到信息共享和绝对安全。货物信息均保留在区块链上，物流状态的变化也均在区块链上展现并且可以

---

① 2019年天猫双11超4亿件跨境商品添加区块链"身份证"[EB/OL]．[2019-11-12]．http://www.techweb.com.cn/blockchain/2019-11-12/2763506.shtml．

追踪历史状态。物流企业可进行货物运输路线和日程安排的优化，也在一定程度上避免了快递爆仓丢包的问题，可以有效解决每年的双十一，因各电商平台交易量暴增引起的快递时效性与准确性问题，能有效满足顾客对时效性的要求，也提升了顾客的满意度。

区块链的技术已应用到各个行业与领域，"区块链＋新零售"能否真正颠覆传统电商，实现一体化数字经济生态并促进互联网向价值互联网转变，开创电子商务 2.0 时代？让我们拭目以待！

九、场景 9：区块链与在线教育

（一）在线教育市场的机遇与挑战

2019 年 7 月 29 日，教育部学校规划建设发展中心发布《智慧学习工场2020 建设标准指引》，其中重点提到对区块链、大数据、人工智能等技术的应用。随着互联网时代的到来，人们获取知识的方式也发生了变化，由于在线教育能够不受时间、空间等条件的限制，为人们提供更丰富的学习资源，因此越来越多的人通过线上学习来获取知识。

随着在线教育市场的不断扩张，越来越多的痛点也逐渐显现：

（1）由于地域和经济条件等客观因素的限制，各地区的学校教育机构师资队伍建设缓慢，教学水平普遍不高，加之大部分学校各自为政，科学教研成果无法充分共享。

（2）我国教育系统内部的所有相关信息，包括老师和学生的个人档案、学历学位证书信息等均由中心化的系统来记录，但中心化的数据存在易篡改且难追踪、潜在的被恶意攻击的安全隐患。

（3）教研、科研成果面临着严重的网络侵权的危险。一旦侵权发生，不但举证困难，赔偿申请程序复杂，大部分老师也无法通过高成本的版权登记的方式来保障自身利益。这些问题都将严重打击老师教学、教研以及创新的积极性。

（二）区块链技术如何赋能在线教育

艾瑞咨询数据显示，2019 年中国在线教育市场规模达 3 133.6 亿元，同比增长 24.5%，预计未来 3 年市场规模增速保持在 18% ~ 21%。[①] 在线教育市场规模持续增长的主要原因在于用户在线付费意识逐渐养成、对在线教育的接受度不断提升以及线上学习体验和效果的提升。

那么区块链技术是如何赋能在线教育市场的呢？

（1）区块链技术利用块链式数据结构来存储数据，通过分布式数据来生成和更新数据。当区块链技术运用于在线教育网络架构时，老师授课、学生听讲的教学记录信息在系统内全程留痕，结合记录、核实等机制，做到老师评价、学生反馈和教学结果的透明、可信，实现了非人工操作的管控，辅助智能化决策，提升了教育管理效率，有利于课后管理的科学合理，解决了家长担心的课后无人管的担忧。

（2）利用区块链去中心化、可验证、防篡改的存储系统，将学历证书存放在区块链数据库中，能够保证学历证书的真实性，使得学历验证更加有效、安全和简单，这将成为解决学历文凭和证书造假的完美方案。

（3）通过嵌入智能合约，区块链技术可以完成在线教育平台合约的生成和存证，智能合约的自动执行能够有效地保障各方的利益不会受到损害。

---

① 2019 Q3中国在线教育行业报告：市场热度不减，规模超3 100亿元[EB/OL]. [2019-12-30]. http://www.kgula.com/article/1902786.html.

（三）区块链＋在线教育案例

────────── 案例83　蚂蚁金服淘淘课 ──────────

　　丰富的知识付费产品，不仅满足了人们工作技能提升的需求，为人们的日常疑难提供了解决之道，还提供了最新最前沿的思想和认知，为人们思维方式的升级构建了清晰的路径。知识付费产品迎合了人们寻求成功捷径的本能需求，商家不遗余力地通过各种营销方式狂轰滥炸，裹挟其中的用户为了抢先登上金字塔顶端，纷纷掏腰包购买知识付费产品。但是在产品交付之后，用户是获得知识缓解了焦虑并解决了问题还是被商家牵着鼻子走最终只是交了"智商税"，业内对此一直众说纷纭，有人肆意鞭挞知识付费是伪知识付费，也有人摇旗呐喊知识付费的伟大价值。究其原因，还是因为在行业繁华背后，一直掩藏着很多或公开或隐蔽的行业通病。

　　入驻门槛过低，生产者涌入，内容参差不齐。很多知识付费平台基本不设置入驻门槛，只要有意愿，人人都可以创建课程并自由售卖，监管的松懈导致大量内容生产者涌入，使得平台内容泥沙俱下，质量参差不齐。很多课程还存在换汤不换药的现象，一样的课程一样的内容，会因为不同的包装出现不同的售价，面对海量的课程内容用户根本无法分辨伪劣。

　　刷单、数据造假等行为频频爆出，中间商过多，讲师学员互动渠道被阻隔。侵权现象泛滥，IP内容维权成本极高。版权是内容输出者的命脉，是一切利益的起点。一旦版权被侵犯，内容生产者的积极性会受到打击，失去创作动力，导致整个行业内容质量下降，最终形成恶性循环，整个行业生态都会遭到破坏。

　　淘淘课就在这样的背景下诞生了，根据互联网数据咨询平台的报道，自2018年上线以来，平台用户数逾100万，内容商逾2 000家，累计上线课程单品 3 万多个，内容专栏 2 万左右。① 聚焦内容付费、知识变现工具，通过 S2B2C、去中心化的模式实现知识变现平权化，实现一分钟拥有自己的知识店铺。打造通过区块链技术进行知识版权溯源登记及知识分发、智能合约管理，利用区块链可追溯、不可篡改等优势，清晰记录每一笔知识版权溯源登记、分发、合约的过程，弥补当前传统模式对于 IP 资产确权难、维权难的困境。实现知识平权化，让更多人以更多渠道、更好地体现和更便捷地实现自我价值。

区块链技术是如何赋能知识付费产业，实现降成本、提效率、优化产业诚信环境的目标，助力知识付费实现产业二次升级的呢？结合区块链技术的特点包含以下三个方面的内容：

1. 去中介化，降低交易成本

所有的知识付费产品可以被整合上链，记录到账本中，成为链上的数字资产，在区块链上直接进行存储、转移、交易，整个过程完全不需要平台或者分销商作为中间方介入，整个交易行为直接发生在讲师和学员之间，两者之间的沟通壁自此消除，互动频率也大大提高。

2. 信息不可篡改，降低互信成本

区块链数据前后相连构成了不可篡改的时间戳，使得记录在链上的所有信息不可篡改，使得平台运作机制透明化，对平台或者讲师任意篡改课程数据欺骗学员的行为能起到很好的防范作用，极大地降低了多主体之间的互信成本。

---

① 知识付费市场：区块链能做的远不止版权保护[EB/OL]. [2019-2-13]. https://www. jinse.com/bitcoin/315921.html.

3. 提供内容确权服务，保护版权

不对称加密技术保证了版权的唯一性，时间戳技术确认了版权归属方，版权主可以方便快捷地完成确权这一流程，解决了传统机制低效的问题，使海量的付费产品及时、低成本确权以及快速流通成为可能，解决了内容创作者的痛点和难点。在区块链技术赋能下的知识付费平台，让更多的内容创作者获得更多收益的同时，创作作品能得到更全方位的保障，给知识付费行业带来更多的想象空间。

--------------------- **案例84　百度会学** ---------------------

百度教育事业部旗下产品百度会学希望通过对优质教育资源的聚合、严选，为用户提供个性化的教育资源和服务，帮助用户实现升学、就业等目标。通过持续的用户交互、资源（课程、活动、内容、服务等）引入、数据累积，让百度会学成为用户学习、成长过程中闭环的解决方案。

百度会学目前实现了海量网络教育资源的汇聚和评价，下一步将会联合头部机构打造闭环服务，通过联合垂直领域的头部机构，共同为学习者提供最优质的教育内容和服务，并通过对学习者的综合能力进行认证，帮助用户实现升学、就业的目标。这些愿景的底层基础就是真实地记录用户的学习行为及相关成就信息，在信息的流转、共享中，保证信息的真实性以及不可篡改性，以实现最终构建起学校、用人单位、应试人员之间的诚信体系。

个体的教育经历相关信息主要有两个应用场景：升学和求职。然而现阶段，从K12教育、大学教育、成人教育，到在线教育等各阶段教育信息均孤立地存储于提供相应教育的主体单位信息库内，用户难以系统、全面地获取与自己相关的信息，导致学习者教育信息的碎片化。

在升学场景中，非学历学习经历等与综合素质息息相关的信息难以应用在 K12 教育之后的高中升学乃至留学申请中。在求职场景中，由于信息的割裂存在以及持有信息主体对于信息的垄断，导致个人的受教育信息在教育机构间与在用人单位之间的流转极为不畅，直接导致用人单位无法全面核实候选人的背景信息。

由于教育信息割裂存在和共享不畅问题的存在，求职人员对教育信息进行作假的成本较低且风险较小，直接导致当下求职人员简历造假现象频发，成为招聘市场较大成本支出的因素之一，亟待得到有效解决。非学历、终生教育的形式更加多样化。现阶段，线上线下的非学历教育成果认证与进一步转化为就业资本之间仍存在较大的鸿沟，从另一维度上限制了非学历教育用户接受度发展的速度。

百度会学利用自身优势及区块链技术提出百度会学区块链解决方案，试图解决现阶段个体教育信息存在的问题。教育区块链项目的愿景是为用户创建一个去中心化的、安全加密的、真实的受教育及工作等信息的升学就业身份证明，力求在 K12 学生的升学、留学以及毕业学生就业场景产生实用价值。一方面，用户学历及非学历教育经历是其升学、实习、就业的真实信息背书；另一方面，可信数据的流转可以省去企业在招聘过程中花费的高额背景调查成本。

用户信息上链将分为信息初建阶段和信息完善阶段。在信息初建阶段，基于用户授权，结合区块链技术将用户在百度会学及其合作伙伴（各类线上、线下行业头部培训教育平台）的学习成果与用人单位和招聘平台之间进行信用共享，做到学习成果的认证、真实保存以及流转的打通。在信息完善阶段，在用户授权的前提下，逐步加入用户学历教育信息、工作信息，不断拓展信息维度，使之成为用户的"升学就业身份证明"。

——————— **案例85　MIT区块链学位证书** ———————

随着社会经济、科技的不断发展，企业对人才的要求不断提高。这些年学历造假的情况不断地出现：有些学生利用虚假学历骗取工作机会；有些投机者利用虚假学历达到升职门槛；更有一些不法分子和留学中介开始公开办理售卖虚假学历。这些问题已经对那些真正拥有学位证书的学生带来了极大的不公平，也对就业市场带来了许多负面的影响，对企业的聘用人才方面也造成了欺骗和伤害。

2018年6月3日，区块链技术能够让麻省理工学院（MIT）的毕业生以数字化的方式管理自己的学术履历，随后，麻省理工学院向上百名毕业生颁发了基于区块链的数字证书（见图4-18）。[①]

图4-18　区块链学历证书示例

（资料来源：根据网络资源整理。）

现阶段，即使有学信网的存在，依然无法杜绝学历造假。不法分子可以通过第一步查询同名同姓的毕业生，第二步利用学信网漏洞解码获得包括毕

———————————

① MIT发布首个基于区块链学位证书，学历和履历上链或成为大势所趋[EB/OL]．[2018-03-14]．https://news.huoxing24.com/20180314143835563839.html．

业证编号在内的全部信息，第三步制作毕业证、学位证和学籍档案的步骤轻松伪造学历。

当前大部分公司检测求职者学历的真伪只有一个方法，即从学信网查询姓名和证书编号。如果查不到相关信息或者查到的信息与求职者不符，那么说明求职者的学历是假的。如果查询到的证书缺少身份证、照片等信息，实际上也无法确定求职者学历真假，克隆学历就是据此蒙骗过众多公司的。

利用区块链技术来发布不可更改的数字证书，并且可以将其保存为公共记录。这些记录可以随时得到认可和验证，而不必担心被相关实体篡改。图4-19说明了如何在区块链上进行认证。

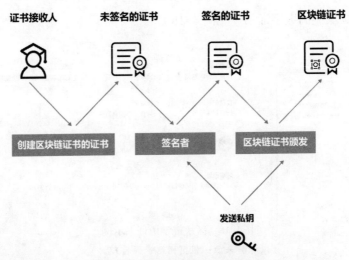

图4-19　区块链学历证书创建流程图
（资料来源：根据网络资源整理。）

区块链学历证书成为未来学历认证的趋势，主要还是因为其自身的独特优势。区块链技术主要是由分布式账本技术、非对称加密算法技术和智能合约这三项技术组成的，基于这些技术，它就拥有去中心化、共识机制、可追溯性、高度信任的特征。所以将区块链技术应用到学历证书认证过程中，就能有效解决学历证书造假的问题。

学生的学历信息存储到区块链系统中，学校可以通过区块链技术进行学历认证，用人单位也可以通过验证求职者在区块链系统中的学历信息来验证其学历的真伪。而且，区块链数据难以篡改的特点能保障学历信息数据的安全，防止不法分子盗取。这不仅使学历验证简单有效，还能够节省学校和企业的时间、人力和物力。

通过区块链技术的认证的方式，企业和雇主们就可以轻松地查询学历的真实性，而且也能判断出学历学位是否与真实情况相符（见图4-20）。

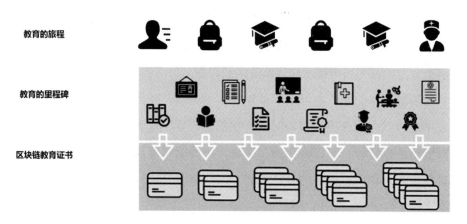

图4-20　区块链学位证书上链示意图

（资料来源：根据网络资源整理。）

目前，越来越多的教育机构在尝试用区块链教育证书防伪检验系统，来保证教育学历证书的真实。新加坡于2019年在全国范围内由政府主导推广基于区块链技术的教育认证系统，包含本地18家知名学院，通过这样的方式保证教育学历证书的真实性。这样可以在特定的环节上规避学历造假，让大家的岗位竞争更加公平，切断青少年的这种作恶思想，让教育体系有一个良性的环境。

────────────── 案例86　新加坡区块链学位认证系统 ──────────────

随着区块链技术对东南亚地区影响的日益扩大，2018 年 11 月，马来西亚教育部（MoE）宣布了使用区块链技术来打击学位欺诈的计划，从而维护马来西亚大学的声誉、诚信以及学生的利益。

2019 年 5 月 3 日，新加坡教育部长宣布，从 2019 年开始，来自新加坡 18 个教育机构的学生将获得基于数字账本区块链的可验证证书。[①]

该项目是基于政府技术局、义安理工学院和教育部之间的合作，这三个组织就成为区块链上的三个联盟。所有获得 N 级、O 级或 A 级证书的学生（相当于我国国内的中考、高考）将通过区块链学位认证平台记录他们的学业成绩。

该学位认证系统将文凭和其他重要证书的信息上链，学生可以使用在区块链上分配的证书来申请工作或高等学校教育。

区块链技术的介入能够消除烦琐的文书工作，并消除了对纸质证书与原始证书进行双重检查所花费的时间，从而为教育工作者和企业节省了资金。当需要验证学位时，可以将存储在区块链中的哈希值与证书持有者提供的信息进行比较，相比于传统的验证方式，区块链学位认证系统大大提高了验证的真实性与准确性。

区块链技术将有效减少对传统的纸质证书的使用，教育组织可以通过区块链安全地颁发任何种类的学位证书，并且这些证书信息可以永久地保存在区块链上。当学生需要申请工作或继续深造时，可将数字证书发送给雇主或学校，相关方可以验证存储在区块链上证书的真伪，这无疑使求职者、雇主和发放机构的求职和招聘过程更加顺畅。

区块链学位认证系统是一个开源的区块链应用，相信在之后会有更多的

──────────────

① 新加坡学生将在区块链上获得"不可篡改"的数字证书[EB/OL]. [2019-05-08]. https://www.jinse.com/blockchain/363711.html.

高等院校和企业加入到这个项目中来。区块链学位认证系统以新加坡为中心，将会影响到整个东南亚的高等学府和大型机构，给即将踏入社会的毕业生们提供了公平的竞争环境。

十、场景 10：区块链与防伪溯源

（一）商品防伪溯源的挑战

近年来，"假货""食品安全""假疫苗"等问题频频引起社会关注，如何保障饮食安全、购买货真价实的商品是人们一直在研究却始终无法根治的大问题。早在 1997 年，欧盟为了应对"疯牛病"问题逐步建立起了溯源体系。最初，它被主要运用在食品安全领域。比如，一旦食品质量出现问题，可以通过食品标签上的溯源码进行联网查询，从生产基地、加工企业到终端销售的整个产业链条的上下游全部进行信息共享、公开，最终服务于消费者。

现在该技术在社会中已经得到了初步应用，除食品以外，在药品、服饰、电子、渔船等各行各业都能见到溯源技术的影子，射频识别、二维条码和近场通信等基于溯源模式孵化出来的防伪技术也越来越多。

未来随着人民生活水平的进一步提高，溯源功能会向着深入化、定制化方向发展，产生更大的市场空间。然而，传统的溯源行业仍存在急需解决的痛点。

传统的溯源行业的重大痛点是数据造假问题。在现有的溯源场景中，商品在整个生命周期中涉及多个不同机构和不同流程，如何保证溯源信息的可靠性是很难解决的问题。一方面，很难保证各方提供的数据是真实的；另一方面，无论由哪一方负责存储溯源信息，都将面临数据篡改的嫌疑。特别是当发生质量纠纷时，传统的基于中心化数据库的溯源系统很难提供有力的溯源证据。

（二）区块链技术如何做到防伪溯源

区块链技术的两大特性：一是去中心化的记账方式；二是所有数据可追溯且经确认后的数据不可篡改。区块链上的数据，既不会凭空出现，也不会突然消失，这一点非常适合防伪溯源体系。通过区块链技术，可以在产品从生产到流通全过程，实现完整信息记录，为监管部门提供产品全面数据信息，使其更高效地完成产品质量检验及数据互联互享。在此过程中，区块链可以解决四个问题。

（1）流程公开透明。在业务流程环节实现产品的防伪、流通，可通过给产品植入识别芯片，并注册到区块链上，使其拥有一个数字身份，再通过共同维护的账本来记录这个数字身份的所有信息，比如来源、流转等，以达到验证效果。

（2）信息不可篡改，达成共识并建立信任。在由各个参与方组成的网络节点中，业务过程形成数据记录，在产品的物流、仓储、生产环节，包括原料来源、加工、组装等信息存储在区块链网络中，为监管部门、合作企业或机构提供各个环节的数据信息。

（3）信息共享。企业产品认证流通依赖于商务、海关、质检、工商、银行等部门和机构之间公共数据资源的互联互通，而在区块链搭建的审查环境下，各部门同步获取信息，建立基于供应链的信用评价机制及各类供应链平台有机对接，从而实现对信用评级、信用记录、风险预警、违法失信行为等信息的披露和共享。

（4）节约成本，提高效率。区块链上的数据记录在保密的情况下，由监管部门对产品信息进行储存、传递、核实、分析，并在不同部门之间进行流转，达到统一凭证、全程记录、企业征信，能够有效解决多方参与、信息碎片化、流通环节重复审核等问题。

（三）区块链 + 防伪溯源案例

案例87　京东智臻防伪溯源平台

2018 年 8 月，京东自主研发的区块链防伪溯源服务平台——智臻链正式发布，京东向全社会全面开放经过大规模实际商业应用实践，超过 12 亿条溯源上链数据检验过的京东区块链技术和应用。京东智臻链区块链服务平台依托多项优化实现的"一键部署"能力，实现行业领先的秒级区块链节点部署，还具备开放兼容多种底层、企业级动态组网等成熟应用的核心优势。京东智臻链的推出，将有效提升各行业企业级区块链应用的大规模落地，推动中国及全球信任经济的建设（见图 4–21）。

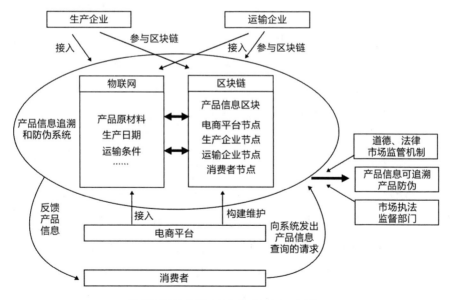

区块链视角下电商平台主导的产品信息追溯和防伪模型

图4-21　京东智臻防伪溯源平台模型

（资料来源：京东区块链白皮书。）

目前，电商平台发展中存在不少问题，包括市场信息不对称、造假者受到利益驱使、市场需求大等原因，造成了市场上假货、劣质产品泛滥。区块链技术实际上是解决了产品防伪溯源中的信任问题，实现了商品信息的实时溯源和不可篡改，同时降低物流成本。

（1）商品信息全程实时溯源。溯源的本质是信息传递，区块链能够将数据做成区块，然后按照相关的算法生成私钥防止篡改，这也符合了商品市场流程化生产的需要。

（2）商品信息不可篡改。区块链技术特有的去中心化存储将利用可信的技术手段将所有信息公开记录，链上的数据具有时间戳且不可篡改，相应的商品信息将被永久记录在链上，实现了商品流转的追踪和记录。

（3）有效防治商品造假。链上信息不能随意篡改，商品从生产到运输再到最后销售，每一个环节的信息都要被记录在区块链上，可以确保商品的唯一性，假货信息就无法进入到区块链系统中。

（4）降低物流成本。区块链上的数据，由监管部门对产品信息储存、传递、核实、分析，并在不同部门之间进行流转，达到统一凭证、全程记录、企业征信，能够有效解决多方参与、信息碎片化、流通环节重复审核等问题，从而降低物流成本、提高效率。

京东智臻链区块链服务平台利用对产品防伪和全程追溯体系丰富的业务经验，针对每个商品，记录从原材料采购到售后的全生命周期闭环中每个环节的重要数据。通过物联网和区块链技术，结合大数据处理能力，与监管部门、第三方机构和品牌商等联合打造防伪和全链条闭环大数据分析相结合的防伪追溯开放平台。平台基于区块链技术，与联盟链成员共同维护安全透明的追溯信息，建立科技互信机制，保证数据的不可篡改性和隐私保护性，做到真正的防伪和全流程追溯。

（1）物联网解决方案。按照统一的编码机制，为每件商品的最小包装赋予唯一的身份标识，实现消费者线上验真伪。

（2）跨主体信息采集。将商品生产、加工、包装、出厂等信息，结合京东仓储出入库、订单、物流等信息，实现商品全程品质信息可追溯。

（3）营销增值。以防伪追溯作为切入点，连接用户，为品牌商聚集消费用户，通过一系列营销宣传和促销活动，扩大商品销量。

（4）数据服务。多项专业报表，为品牌商梳理数据报表，全方位反映商品的防伪溯源状况，量化追溯带来的收益。

截至2019年10月，京东区块链防伪追溯平台已累积有超13亿条上链数据，与700余家品牌商开展了溯源合作，共计有6万以上SKU入驻，逾600万次售后用户访问查询。[①] 该应用主要为企业提供产品流通数据的全流程追溯能力，实现商品的防伪、品质溯源以及重大安全问题出现时的召回与责任界定。

———————— **案例88　阿里巴巴跨境贸易溯源体系** ————————

2017年3月，阿里与普华永道、恒天然等合作方签署全球跨境食品溯源的互信框架合作协议，应用区块链等创新技术，推动透明可追溯的跨境食品供应链。2017年8月，天猫国际就已经全面启动全球溯源计划，利用区块链技术及大数据跟踪进口商品信息，为每个跨境进口商品打上特有"身份证"属性。2018年2月，菜鸟和天猫国际达成了合作，启用区块链技术建立商品的物流全链路信息。

阿里巴巴跨境贸易溯源体系的价值主要体现在以下几个方面：

---

① 京东数科区块链：防伪追溯平台已有超13亿条上链数据，与700余家品牌商开展溯源合作 [EB/OL]．[2019-10-31]．https://xueqiu.com/9173021627/135006529.

（1）标准化建设：溯源项目利用平台的商家、商品及供应链管理能力，建立全球商家和货品标准化档案，在电子世界贸易平台（eWTP）框架内建立起一套跨境商品质检标准及全球质检机构网络。

（2）货品把控：商品溯源可以和供应链中台进行很好的融合，从货品的生产到入仓的各个环节，都可以提供很好的底层数据支撑和货品质量把控。

（3）正品保障：在消费者层面通过终端化的溯源二维码及公开透明的区块链技术支持，培养用户的正品心智，同时提升品牌价值（见图 4-22）。

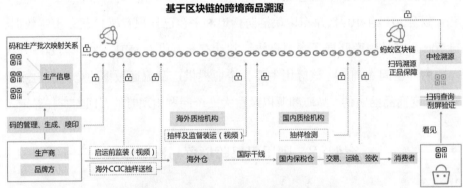

图4-22 阿里巴巴跨境贸易溯源架构图

（资料来源：蚂蚁区块链官网。）

商品溯源体系可以分为生产企业溯源、海外商品溯源、国际物流及进口申报溯源和溯源信息终端查询四个方面，以及链路设计生产企业、海外质检机构、物流企业和消费者四部分。

根据天猫国际披露的数据，阿里巴巴跨境贸易溯源体系将覆盖全球 63 个国家和地区，3 700 个品类，14 500 个海外品牌。[①] 共同参与该计划的包括英、

① 天猫国际启动全球溯源计划，跨境商品将配"身份证" [EB/OL]. [2017-08-08]. https://36kr.com/newsflashes/3278002176001.

美、日、韩、澳、新等多国政府、大使馆、行业协会以及众多海外大品牌，中检集团、中国标准化研究院、跨境电子商务商品质量国家监测中心等"国家队"也已加入。

案例89　甘肃花牛苹果溯源

2018年12月，全国首例区块链苹果——"天水链苹"在京东众筹持证开售，受到人们的关注和追捧。"天水链苹"是天水市林业局联合纸贵科技打造的全国首款区块链苹果项目，利用区块链技术，给每颗苹果定制"身份证"，实现苹果信息的透明可追溯。

在天水苹果溯源中，纸贵科技应用了一物一码、纸贵许可链 Zig-Ledger、分布式身份标识（DID）等区块链技术，为苹果的全流程溯源提供了底层技术支撑（见图4-23）。

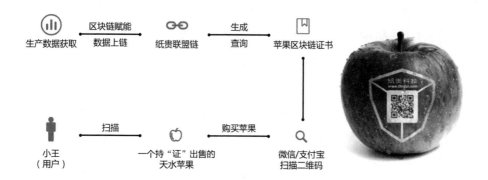

图4-23　"天水链苹"区块链溯源图

（资料来源：可信区块链推进计划溯源白皮书。）

（1）"一物一码"。通过日晒在苹果上形成了独一无二的溯源码，使果品与数字身份一一对应。用户通过手机扫码，即可查看苹果的区块链证书，从而获取苹果的生产和物流信息。

（2）Zig-Ledger。Zig-Ledger 作为天水苹果溯源的底层区块链网络，包括区块链底层系统、SDK、浏览器、运维平台等部分，在资产登记和流转、共识机制、隐私保护、行为监管、跨链交互等方面做出许多重要改进，更适用于商业级应用场景。

（3）分布式身份标识 DID。纸贵科技在苹果溯源中引入了 DID 和可验证声明技术，为每一件商品注册唯一 DID，将产品信息写入 DID 描述文件中，各环节参与方通过 DID 为产品签发和校验可验证声明，实现天水苹果全生命周期信息可信上链。

在"天水链苹"应用场景中，通过区块链不可篡改、可追溯的特性，各参与方节点将苹果原产地、纸包、采摘存放、品检、包装、物流等环节的具体信息进行上链，记录在区块链共享账本中，并提供专业的电子存证证明，使苹果关联数据上链，保证信息可追溯。顾客可以通过果品的溯源信息查询真伪，保障消费安全，让消费者放心购买和使用，提高消费者满意度。

同时，果品相关信息全部上链，打破了传统生产、销售、消费等环节信息不对称的现象，减少了批发商、渠道商、零售商等不透明利润分配，最大程度让利给农民，增加农民收入。

将天水苹果的品牌优势和纸贵科技在区块链技术上的优势相结合，让品牌感染力和用户的满意度都得到提升。同时，进一步协助政府制定相应管理标准和规范，创新监管服务机制，通过共建产品溯源示范区，帮助政府提升质量监督管理效率，提升公信力。

案例90 联通大数据溯源系统

在 2018 年国家网络宣传周开幕式上,联通大数据有限公司正式发布了大数据追踪溯源系统,以区块链技术为支撑,实现数据精准溯源,助力大数据共享交易安全。

大数据在交易和共享过程中普遍存在着被第三方复制、留存、转卖的风险和现象,造成数据权属不明确,各方利益无法得到保障,制约了我国大数据产业的发展。为了解决在大数据交易和共享过程中数据权属和溯源的问题,需要构建一个可靠的系统为交易和共享的参与方和数据提供保障。

联通大数据溯源系统以区块链作为核心技术,通过建立数据的唯一标识,登记权属信息、记录交付路径、水印加注检测,实现数据的起源、路径管理和权属证明,不仅对数据提供方和使用方进行了确权鉴定,也对数据的流转和交易过程提供可信的路径记录和查询,为大数据流通共享和交易提供了技术保障(见图4-24)。

图4-24 联通大数据溯源系统架构
(资料来源:可信区块链推进计划区块链溯源应用白皮书。)

在联通大数据溯源系统架构中，主要从以下四个方面完成数据的确权和溯源：

（1）节点管理：联盟链的各个节点通过平台认证授权，审核通过后，才能加入或退出网络。各机构组织组成利益相关的联盟，共同维护系统的健康运转。

（2）确权管理：建立数据提供方和使用方的身份标识，对流转的数据建立唯一标识，按用户角色和数据的类别和级别，建立相应的权属映射关系。将该映射关系构成区块并广播全网。

（3）溯源管理：不同角色的用户可查询当前区块链上的用户和数据的关系，也可按数据的标识查询数据的使用和流转情况。

（4）水印管理：对流转数据进行特征识别，并对数据的使用方的身份信息和数据标识生成数字水印，加注到流转的数据当中，实现链上的权属关系与链下数据的关联。

通过以上四个方面，各方作为节点构成大数据流通或交易的联盟链，并将各方与数据的关系形成映射广播至整个网络中，以数据的唯一标识作为交易对象，并将交易记录广播。同时为实现链上权属关系和链下大数据的关联，使用数字水印技术将交易用户身份和数据标识隐藏写入到大数据当中。需要进行用户与数据的确权证明时，可通过查询链上记录，同时识别大数据中的数字水印信息，进行比对验证实现证明。

通过联通大数据溯源系统，可以有效解决企业内部数据共享溯源（如财务等敏感数据泄露的溯源）、企业之间数据共享溯源（如企业间数据合作发生泄露后的溯源）、企业大数据交易溯源（如数据交易过程中产生非法二次售卖的溯源）等场景中数据权属等问题，促进数字化中国发展。

案例91 顺丰丰溯Go

2018 年 10 月，深圳首个"保税 + 社区新零售"顺丰优选项目"丰溯Go"上线运营，依托区块链技术透明、不可篡改及可追溯的特性，搭建商品供应链全程溯源体系，通过运输环节的前后延伸打通商品的供应环节，并通过多方信息监控达到提升供应链透明度及可信度的目的，解决了跨境商品身份认证的行业痛点（见图 4-25）。

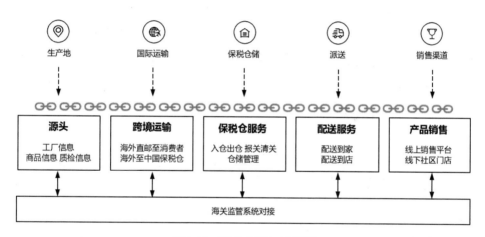

图4-25 顺丰丰溯Go流程图

（资料来源：顺丰科技官网[EB/OL]. https://www.sf-tech.com.cn/solution/sf-trace-blockchain-solution.）

在顺丰优选门店通过系统下单给前海保税区进行海关备案、申报。依托顺丰速运完备的跨境物流体系，营运车辆会在发货日到达保税区内的仓库完成取件并进入中转分拨，这些境外出厂就拥有区块链溯源码身份证的海淘商品，在保税状态下就被配送到了顺丰优选社区门店。消费者只需要扫描商品上的溯源二维码，即可获得图文并茂的中文商品介绍信息、第三方质检报告、商品入境申报信息及全程物流信息等内容。

顺丰丰溯区块链解决方案利用区块链技术，联合顺丰速运、第三方质检机构政府部门共同构建的区块链溯源联盟链，可以有效杜绝数据篡改，同时解决了传统溯源的数据中心化存储、产品窜货等痛点。除了在跨境商品中正式展开应用，丰溯也已在医药、食品等行业落地应用。

1. 医药溯源

顺丰医药溯源是通过记录每盒药的流通过程，运用区块链技术为医药追溯系统提供数据支持。具体是与医药相关的企业将区块链作为接口，直接上传其药品生产、流通过程中的全部数据，同时建立自己的记账节点，并与上下游企业合作，整合数据，共同建立节点，保证数据做到共享、安全、透明、可验证和去中心化（见图 4-26）。

图4-26 顺丰药品溯源流程图

（资料来源：顺丰科技官网[EB/OL]. https://www.sf-tech.com.cn/solution/sf-trace-blockchain-solution.）

2. 食品溯源

顺丰丰溯溯源平台可以全面采集整合各环节追溯信息，明确记录生鲜商品的产地、加工、运输信息，通过安全可靠的云端数据库向全国用户提供服务。

丰溯溯源系统运行的基础是产品标识与编码，当对产品进行正确标识后，每一样商品都在系统中被数字化，包括其身份标识及参数信息，信息维护者方可全面具体地维护产品信息，避免溯源信息割裂问题。利用产品和参与者的标识，认证授权中心可以通过数字签名对产品当前担责节点开放权限，保证数据维护的有序性与可靠性，防止非相关节点违规操作，实现系统有序、严谨、全面地跟踪产品并维护产品信息（见图4-27）。

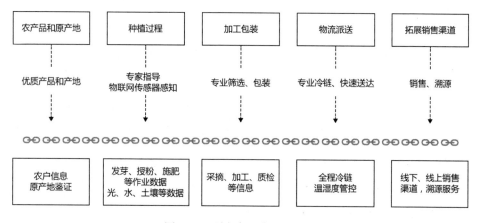

图4-27　顺丰食品溯源流程图

（资料来源：顺丰科技官网[EB/OL].https://www.sf-tech.com.cn/solution/sf-trace-blockchain-solution.）

案例92　沃尔玛中国区块链可追溯平台

2019年6月，沃尔玛中国宣布正式启动沃尔玛中国区块链可追溯平台，首批有23种商品完成测试进入该平台，消费者可以通过扫描商品上的二维码，来了解商品供应源头及沃尔玛接收的地理位置信息、物流过程时间、产品检测报告等详细信息。

"沃尔玛中国区块链可追溯平台"是由唯链与普华永道共同为沃尔玛中国开发的基于 VeChain ToolChain 的食品安全解决方案。通过流通各参与方将共享供应链数据，进一步推进全供应链可视化及其高效管理，提升商品信息的透明度，保障商品数据真实性，提升消费者信任度。未来，沃尔玛区块链可转变平台将会同步到各地区政府可逐步转变平台及供应商自有平台的商品数据，通过多方合作为顾客提供安全高品质的商品。

唯链的 VeChain ToolChain 食品安全解决方案可以帮助"沃尔玛中国区块链可追溯平台"实现：

（1）供应链可视化及高效管理，供应链上下游各阶段进行有效的转移，减少由于信息不对称导致的潜在食品安全风险。

（2）冷链模块全程覆盖，通过自主研发的温度传感器实时监控生鲜食品在运输过程中的温度变化，并及时上传至唯链区块链平台，消除运输过程中的温度变化带来的食品安全问题。

（3）保障商品数据的真实性，根据区块链不可篡改特性，将基于区块链的可靠数据在授权环境下互通互享。

（4）提升消费者信任度，直观地向消费者展示真实可靠的产品信息，有效建立消费者对产品的购买信心。

唯链食品安全解决方案利用"区块链+物联网"模式，基于区块链技术的新零售解决方案，运用区块链技术共识同步、不可篡改等特点，结合物联网设备，在产品全生命周期的关键节点采集必要的信息到区块链存证。消费者、商家及金融服务提供者等通过 VeChain Pro App 扫描二维码或芯片验证商品真伪、查询商品信息。此外该方案还能够有助于实现高效的商品渠道管理、完善的售后服务、便捷化的金融服务（高价值商品的金融抵押）等目标（见图 4-28）。

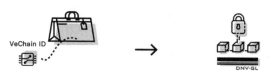

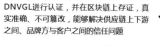

VeChain ID
DNV·GL
根据产品性质和溯源防伪需求，将带有VeChain ID的二维码或加密RFID/NFC芯片在生产阶段与产品进行身份ID绑定及物理绑定，在该产品全生命周期过程中，记录各个关键节点数据
各环节数据由独立第三方权威认证机构DNVGL进行认证，并在区块链上存证，真实准确、不可篡改，能够解决供应链上下游之间、品牌方与客户之间的信任问题
SKU
金融服务提供者通过扫描芯片获得高净值商品确权记录、鉴定记录、交易记录等信息，便于提供金融评估、抵押、拍卖等服务
商家在处理退货时扫描芯片/二维码验证商品，获取商品的销售信息，即可快速完成退换货
消费者通过VeChain Pro App扫描商品上的芯片或二维码，快速实现对商品的追溯和验真，增强消费信心；还可以通过品牌方指定App与商家、其他消费者进行互动，增加消费者黏性

图4–28　唯链产品追溯平台流程

（资料来源：唯链官网[EB/OL].）

沃尔玛中国通过普华永道和唯链的技术支持，打造专属的基于唯链雷神区块链的食品安全可追溯平台。供应链条上的参与者将共享他们的数据，利用区块链去中心化、数据不可篡改的技术特征，提升整个区块链的可见性和管理效率。该平台提高了产品信息的透明度，保证了产品数据的真实性，从而提升消费者信任度。沃尔玛中国首席公司事务官透露，计划到2020年底前，沃尔玛整体可追溯鲜肉将占到整体包装鲜肉销售额的50%，可追溯蔬菜将占到整体包装蔬菜销售额的40%，可追溯海鲜将占到整体海鲜品类销售额的12.5%。[①]

---

① 唯链区块链技术助力沃尔玛中国商品可追溯战略|美通社[EB/OL]. [2019-06-26]. https://www.prnasia.com/lightnews/lightnews-1-102-17533.shtml.

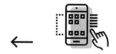

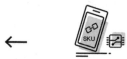

案例93　五粮液数字酒证

2020 年 3 月，由新浪科技和五粮液集团联合发布的"五粮液数字酒证"宣布上线，用户可在臻久网预约购买带有数字酒证的第八代经典五粮液，正式开启了"区块链 + 白酒"的营销模式。

由于高端白酒具有储存时间越长价值越高的特点，因此具有很强的投资属性。例如市场上火爆的 53 度飞天茅台，之所以一酒难求，是因为就储藏方面而言，只有 50 度以上纯粮酿造的高度白酒不掺杂化工原料、性质稳定，才会随存放时间增长而表现出香味越浓郁、甜味越甘醇的特点，也才能成为投资收藏的目标物。

第八代经典五粮液作为高端白酒，具有年化增值属性，随着时间的增长其价值也会相应提升。应用区块链技术可保证第八代经典五粮液的真实性和价值，能解决次新酒、老酒价值及信任问题。"五粮液数字酒证"或将重塑老酒市场，成为提升老酒收藏投资价值的一个突破口。

"五粮液数字酒证"是与五粮液实物酒一一锚定，全程基于区块链技术的防伪认证以及标准化建设的电子凭证。用户在线享有臻久网提供的智能仓储、馈赠转让、一键质押、防伪保险、在线提货、原产地发货配送等优质、便捷的多元服务，结合保险实现全闭环保真，轻松管理五粮液数字酒证资产（见图 4-29 ）。

"五粮液数字酒证"主要实现了以下三个方面的技术创新。

（1）安全保真。通过区块链、大数据等技术，对酒证一一锚定的实物商品进行全生命周期数字化加密管理，仓储、配送全程上链，收获扫码原厂验证，确保商品安全保真。

（2）功能多元化。借助产业互联网区块链大数据等技术的融合运用，为消费者提供不同于传统电商消费的原厂直供、智能仓储、馈赠转让、一键质押、防伪保险、在线提货、原产地发货配送等优质、便捷、多元服务。

（3）投资收藏。高端白酒的天然特性历久弥珍，手工酿造产量有限，年度用于数字酒证资源稀缺。且高端白酒越陈越香，与老酒价值对应的数字酒证也会随年份增值，有力提升高端老酒资产价值。

新浪投资孵化的时代数科公司作为五粮液产品的运营商，历时两年完成了全流程数字资产标准化建设，这种创新销售模式，是互联网信息技术在实体产业应用落地的重大成果。

图4-29　五粮液数字酒证存证证书

（资料来源：根据网络资源整理。）

案例94　DHL区块链药品物流追踪平台

2018 年 8 月，美国运输公司 DHL 联合埃森哲，共同推出了一项基于区块链的序列化项目，通过区块链技术来进行产品验证。

现流通在市场中的药品，其安全性难有保证。普华永道的报告显示，假冒药品每年有 2 000 亿美元的营业额，即便在世界上最安全的市场中，流通中的药品至少也有 1% 属于假冒伪劣产品。区块链在金融领域中已有非常多的应用，而在物流领域的应用则需要更多的技术创新，以及各环节的协同合作。每年，由于药物运送过程中出现的信息纰漏及人为失误，让大量病人的生命受到威胁。因此，DHL 与埃森哲的项目专注于药物供应链——区块链的共识机制能够解决供应链中的各个环节的信息对称问题。

DHL 与埃森哲联合开发了基于六域模型的区块链技术，用于药物的物流追踪。分类账上的药物物流信息将会被分享到物流中的每个环节，包括制造商、仓库、分销商、药房、医院和医生等（见图 4–30）。

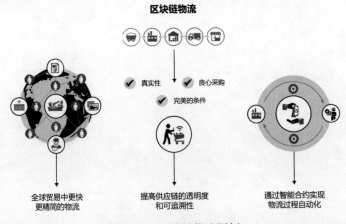

图4–30　区块链物流图例

（资料来源：根据网络资源整理。）

受到监管机构强制要求的手工流程的约束，公司通常必须依靠手工数据输入和基于纸张的文档来遵守海关流程。所有这些都使得追踪货物的来源和货物在供应链上的运输状态变得困难，从而在全球贸易中造成摩擦。区块链可能有助于克服物流过程中的这些摩擦，实现物流过程效率的实质性提高。同时，区块链还可以实现相关供应链利益相关者之间的数据透明和访问，从而创建一个单一的真相来源。区块链技术固有的安全机制还增强了涉众之间共享信息所需的信任。

此外，区块链可以通过支持更精简、更自动化的流程来实现成本节约。除了为物流操作增加可见性和可预测性之外，它还可以加速货物的实际流动。对商品来源的跟踪可以在规模上实现负责任和可持续的供应链，并有助于打击假冒产品。基于区块链的解决方案为新的物流服务和更创新的商业模式提供了潜力。

物流行业的区块链应用前景巨大。根据国际数据公司（IDC）的统计，2021 年区块链解决方案的全球支出预计将达 97 亿美元。[①]

案例95　区块链药品追踪项目MediLedger

MediLedger 项目于 2017 年启动，旨在满足《药品供应链安全法》（DSCSA）的要求，运用区块链技术记录在制药产品供应链中开发可信数据共享系统的过程（见图 4-31）。

---

① DHL与埃森哲发布物流行业区块链报告，将于药物追踪领域发力[EB/OL]. [2018-03-20]. https://www.sohu.com/a/225925519_343156.

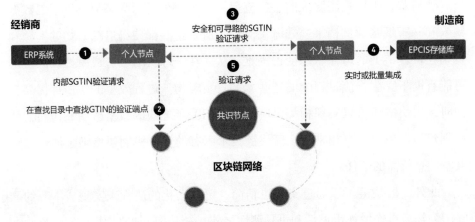

图4-31　MediLedger药品追踪流程图
（资料来源：根据网络资源整理。）

MediLedger 使用区块链技术实现三个目标。首先，能够存储同步的公共数据，以便每个机构都使用相同的"事实来源"；其次，它能够生成无法篡改的交易记录，并可以通过采用零知识证明技术来满足制药行业的数据隐私要求，确保在保持区块链数据不可篡改性的同时，不透露任何机密商业信息；最后，它使用智能合约来强制执行业务规则并执行事务以确保系统的完整性。

MediLedger 项目包含三项核心技术：客户与贸易伙伴之间的私人消息传递系统；作为交易验证和智能合约执行的不可篡改共享账本的区块链；以及确保消息传递和转移具有强大隐私性的零知识证明技术。对于制药行业来说，区块链的潜在优势不仅仅在于保护供应链。节点系统基于权限的性质是公司与合作伙伴及客户共享信息但不会"泄露关键业务信息"的优越方式。

美国制药业当前的点对点系统基础架构缺乏在整个医疗保健供应链中保持数据同步的能力，最终会扩大假冒伪劣药品或其他非法制药的风险。在与美国食品及药品管理局（FDA）合作完成了一项试点之后，25 家行业领先的制药商、分销商、物流商以及制药供应链中的代表发表了一份联合报告，支持采用区块链技术来追踪处方药供应链。该试点是证明区块链技术是解决构建 DSCSA 2023 所需的可交互操作系统的复杂性的可行选择的关键里程碑。

2019 年 6 月，MediLedger 项目获得美国食品及药品管理局批准，由药品供应链中的 25 家主要公司组成工作组，评估基于区块链的 MediLedger 网络作为在美国追踪处方药的工具的可用性。MediLedger 的成员包括跨国制药巨头辉瑞公司、药品批发商美源伯根、美国第二大连锁药房沃尔格林的运营商、跨国零售公司沃尔玛以及物流公司联邦快递。

十一、场景 11：区块链与版权保护

（一）版权保护市场面临的挑战

知识共享加速传统出版与互联网的融合，大量优质内容通过知识共享平台得以分发传播，但同时也带来海量的匿名化非法传播所引发的网络版权保护问题。

传统版权是有实物为载体，关于权利的描述、分发、统计、追溯都是可控的。历史上，有过使用邮戳实现版权保护的方法，即作者把写好的文稿，一式两份同时寄出，一份给出版机构，另一份邮寄给自己。当出现被盗用的情况时，就拿出自己手里的那一份作为诉讼的证据，因为邮戳时间一致、内容一致。但在数字出版时代，数字版权标的没有了实物载体，数字出版物搜索即使用、点击即阅读、下载即复制的特点，极易产生大规模的复制、传播和盗版，权利的描述、分发、统计、追溯都变得不可控，特别是在光靠法制手段没有技术手段协助的情况下，数字版权保护难以实行。

每天有数以万计的数字内容在互联网上被盗用，造成这种现象主要是因为传统版权保护存在以下三大痛点。

（1）效率低：由于受到技术限制，传统版权登记的周期太长，官方的审核一般需要 20 个工作日，无法满足网络时代作品"产量多、传播快"的特点。

（2）收费高：版权登记的价格偏高，通常登记单件作品的市场价格约为500 元。

（3）维权难：平台投诉手续复杂，法律诉讼成本高，导致大多数原创者因此选择保持沉默，任由权利被侵犯。

受限于传统版权保护效率低、收费高、维权难的制约，作者等内容生产商一直处于弱势地位，创作积极性倍受打击。同时，不仅原创图片侵权事件屡见不鲜，音乐、电影、文字等原创内容的抄袭事件也层出不穷，便捷、有效、全面的版权保护服务成为内容生产商最迫切的需求。

（二）区块链技术如何赋能版权保护

区块链的价值在于可以让其中每一个节点都发挥优势，并将优势合而为一，创造出一个协作互信的良好生态。互联网版权保护正是"区块链 +"应用场景的有益探索。

区块链技术是一种去中心化、由多方共同维护，使用密码学保证传输和访问安全，能够实现数据一致存储、难以篡改、防止抵赖的记账技术。因链上数据具备上述特性，区块链技术在版权资产管理领域的应用一直是主要探索方向之一，尤其是链上数据电子存证，被普遍期待用以解决版权确权存证可信度低、维权溯源举证难的问题。依托区块链技术的加密和链式结构在上链后的数据的完整性和不可篡改性，对数字版权内容进行登记、追溯、验证和保护。区块链能够准确记载作品权利管理信息，通过加盖时间戳的方式为版权登记提供独一无二的证明，并且全程留痕，有助于即时确权。

　　同时，对于内容生产者来说，区块链技术还能够建立完善的版权交易和利益分享机制，激励原创内容生产者进行创作，保障版权作者的合法权益。

（三）区块链 + 版权保护案例

——————— 案例96　百度图腾区块链版权服务平台 ———————

　　2018年7月，百度正式推出基于区块链技术的原创图片服务平台"图腾"。百度图腾通过引入区块链技术，并借助百度搜索的平台力量以及第三方合作伙伴的生态力量，构建了一个覆盖图片生产、权属存证、图片分发、交易变现、侵权监测、维权服务的全链路版权服务平台。

　　基于区块链的特性，百度图腾打造了一个版权存证系统，该系统可以为内容作品提供具有明确时间标记的"存在性证明"，从而吸引了诸多版权机构的加入，包括视觉中国、高品图像、景象、锐景创意、拍信、联合信任·时间戳、计易、快版权、比目鱼等，相关原创内容的授权流转信息也同样会被记录。区块链技术还被应用在百度图腾的一站式在线维权系统中，该系统会在发现侵权行为后，对该侵权行为进行在线取证并记录至区块链中。

　　百度图腾公布了首个技术能力输出的应用场景——熊掌号原创保护计划。基于百度图腾所提供的能力，熊掌号作者可以获得更加完善的版权保护功能，其原创版权被确权后，可以获得百度搜索的收录加速、原创标识以及优先展示等特权；同时，如果它的原创内容被侵权，也可以借助图腾提供的能力更方便地申请维权。

2019 年，百度在图腾的基础上开发了 Xuper 品牌下的 XuperIPR 项目，从版权确权、交易、维权三端切入，为各类数字内容提供版权存证、版权交易、侵权检测、取证、维权、司法服务等全链路版权保护解决方案。XuperIPR 作为基于区块链的版权保护和交易平台，只要作品上传到该平台，创作者会得到一个版权存证的哈希值。同时该平台利用分布式爬虫能力、图片搜索能力，24 小时不间断地监控互联网上有没有对作品版权侵权的行为。如有侵权，会自动存证，并通过内容哈希值保存成一个个证据包，这个证据包经过版权所有者授权。还可以同步到司法区块链节点，这样的话法院也会认定这个证据是一个有效的证据（见图 4-32）。

图4-32　XuperIPR架构图

（资料来源：百度超级链官网[EB/OL]. https://xchain. baidu. com/n/solution/copyright.）

（1）特征提取与版权存证流程：支持图片、文字、视频、音频的存证，享有图腾及版权局的双重存证登记，存证信息实时上传区块链，生成版权登记证书（见图 4-33）。

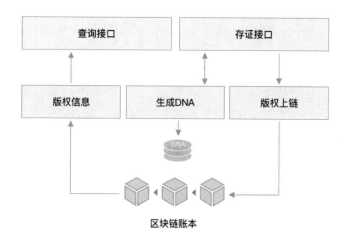

图4-33　版权存证流程图

（资料来源：百度超级链官网[EB/OL].https://xchain.baidu.com/n/solution/copyright.）

（2）侵权预警流程：对用户上传作品进行版权使用风险评估，避免无意识侵权，同时溯源未知权属作品，协助用户获取授权，全面降低侵权风险（见图4-34）。

图4-34　侵权预警流程图

（资料来源：百度超级链官网[EB/OL].https://xchain.baidu.com/n/solution/copyright.）

（3）侵权检测流程：图、文、音、视全天候检测，对数据传播及时追踪溯源，将侵权一网打尽（见图4-35）。

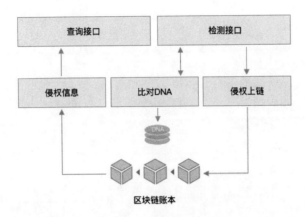

图4-35　侵权检测流程图

（资料来源：百度超级链官网[EB/OL]. https://xchain.baidu.com/n/solution/copyright.）

（4）取证固证流程：将网络侵权页面进行实时抓取，防止侵权方事后将证据删除，实现维权证据固定保全存证（见图4-36）。

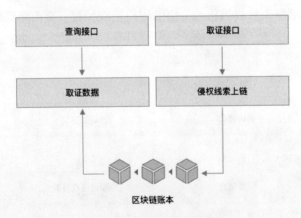

图4-36　取证固证流程图

（资料来源：百度超级链官网[EB/OL]. https://xchain.baidu.com/n/solution/copyright.）

根据百度超级链官网显示，截至 2019 年 10 月 8 日，百度 XuperIPR 链上存证数已突破 1 000 万，维权检测数超 200 万，维权成功案例超 1.5 万，包含版权、溯源、广告、医疗、金融等多场景、多种类数据，已经和北京互联网法院、广州互联网法院建立了司法存证合作关系。[①]

案例97 地理标志溯源

地理标志产品，是指产自特定地域，所具有的质量、声誉或其他特性本质上取决于该产地的自然因素和人文因素，经审核批准以地理名称进行命名的产品。当本地的地理商标注册成功后，该城市则获得了一个独特的标签，大大增加了当地品牌甚至是当地的知名度，无论是企业还是当地经济都将得到大幅度提升。但这样也引来了更多的造假者，对地标企业和当地品牌造成了损失。因此，通过区块链技术建设溯源系统，可以对地理标志产品溯源溯真，提高造假难度，同时还能有效杜绝传统溯源系统中腐败滋生、修改造假等（见图4-37）。

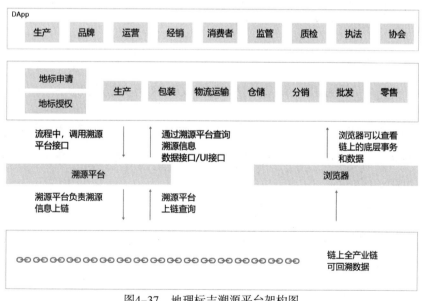

图4-37 地理标志溯源平台架构图

（资料来源：可信区块链推进计划区域链溯源白皮书。）

---

① 百度超级链官网[EB/OL]. https://xchain.baidu.com/.

孚链科技基于区块链的地理标志溯源平台由三层组成，底层为知识产权产业公链，中间层为行业定制化的溯源平台，上层为面向用户的 DApp。孚链科技通过打造定制化溯源平台，可以提供溯源一站式解决方案。首先，溯源平台封装了上链细节，为客户提供简单、易用的 Rest API，可以很容易接入和获取溯源信息。其次，溯源平台提供定制化服务，用户可以自定义溯源流程、信息、规则。最后，溯源平台降低了溯源接入门槛，使溯源工作不再烦琐，信息记录、检索都提供 API 和 UI 接口，实现 0 代码接入。

产业链中间环节，通过相应 DApp 扫描产品识别码（二维码等）即可获得授权，进行溯源数据上传，或者通过企业 ERP、供应链等系统调用平台提供的接口上传数据。消费者通过相应 DApp 扫描产品识别码即可获得产品的原材料、生产、加工细节、完整生命周期流转信息、产品原始信息、品牌故事、是否正常流转等，从而判断产品真伪。

案例98　迅雷国家级版权区块链交易系统

2019 年 3 月，中国版权保护中心联合新浪微博、迅雷、京东等国内重量级互联网平台发布中国数字版权唯一标识（DCI）标准联盟链，迅雷为 DCI 体系提供区块链技术支持。

DCI 体系以数字作品在线版权登记的模式为基本手段，为互联网上的数字作品分配永久的 DCI 码、DCI 标识，颁发电子版作品登记证书，并利用电子签名和数字证书建立起可信赖、可查验的安全认证体系。中国版权中心的信息显示，DCI 体系是以 DCI 标识、验证、特征提取和监测取证等技术为核心支撑，通过系统化的集成应用平台构建的数字版权公共服务体系。DCI 体系具有三大基本功能：数字作品版权登记、版权费用结算认证、监测取证快速维权，综合支撑建立起包括版权确权、授权、维权在内的全流程版权综合服务体系，并与现有互联网版权运营平台进行嵌入对接，以嵌入式服务方式实现一体化服务（见图4-38）。

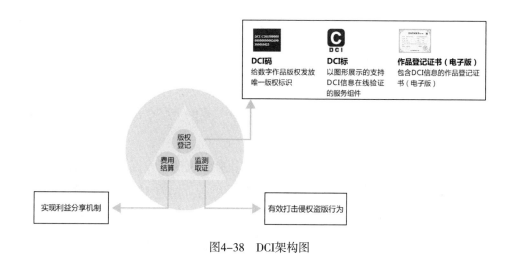

图4-38 DCI架构图

（资料来源：中国版权中心。）

作为官方的权威数字内容版权服务平台，DCI标准联盟链未来要面临上亿用户的需求以及亿万条数据的登记和交易。同时用户在进行版权交易时，要求瞬间完成、即时确认，对响应速度有极高的要求。迅雷是DCI联盟链的技术提供方之一。

2019年11月，迅雷链又联合深圳市版权协会共同发布了基于迅雷链开放平台的互联网知识产权电子证据存证平台"E证链"。迅雷链为深圳版权协会提供电子证据上链与验证服务，借助迅雷链的哈希加密、时间戳、不可篡改、全节点验证的功能特点，用户可将版权信息轻松上链，取证员可在链上快捷取证，提升电子证据安全性与验证效率。通过区块链技术，E证链可以实现电子证据采集、上链存证、生成报告等功能。

目前迅雷链已经服务了包括中国版权保护中心、南方新媒体、壹基金、泰国那黎宣大学等在内的 30 多家政企机构，在版权保护、溯源、公益、保险、交通、供应链、新零售等十几个领域实现了应用落地。

案例99　蚂蚁区块链版权保护方案

2019 年 11 月，新华智云联合蚂蚁金服、宁波永欣公证处、剑证科技成立了媒体大脑版权区块链联盟，这是新华智云与蚂蚁金服在区块链方面的第一个实际合作的应用落地。

媒体大脑版权区块链是首个被互联网法院认可的版权区块链，目前已被率先应用于媒体大脑 MAGIC 短视频智能生产平台。用户在平台制作视频后可以一键获取电子存证证明，内容创作者可以简单、高效地将自有版权作品进行确权。同时，通过新华智云的全网检测系统，版权所有者可以随时了解自有作品的传播情况。一旦发现侵权，版权所有者可以用电子取证工具进行证据固定。链上的电子存证与司法链打通，具有法律效应，原创作者可以一键举证至杭州互联网法院。

其中，蚂蚁区块链版权保护方案在媒体大脑版权区块链联盟中提供底层技术支持，通过蚂蚁区块链跨链技术，将版权链与司法链有效链接，在发生纠纷时，经过授权，法院可直接调取相关证据，快速审判（见图 4–39）。

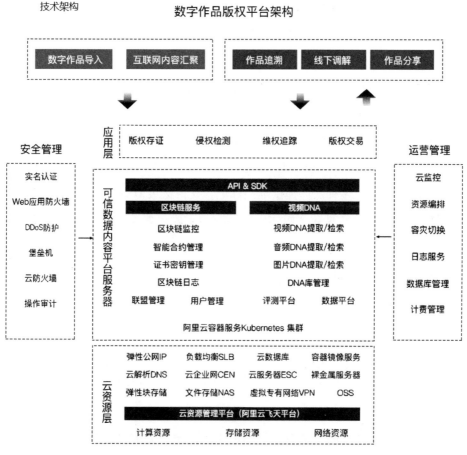

图4-39 阿里巴巴数字作品版权平台架构
（资料来源：阿里云官网。）

蚂蚁区块链版权保护平台基于蚂蚁区块链 BaaS 架构，支持一站式 API 接入，并提供可视化界面，提供原创登记、版权监测、电子证据采集与公证、司法诉讼全流程服务。基于阿里云的云端部署，蚂蚁区块链保护平台有如下四大优势。

（1）智能化整体方案。将蚂蚁区块链和视频 AI 等多种服务进行技术融合，针对版权行业提供智能化的整体方案，解决人工方式无法完成的版权认证等工作，实现可信的版权统一认证、管理和交易能力。

（2）司法公信效力。运用区块链技术建立版权业务的共享账本，使版权存证、交易等全链路信息均被记录在共享账本上，信息多方透明共享，无法篡改和删除，进而提高版权的公信力和司法效力。

（3）高性能检索。视频 DNA 能力的植入，可以发挥其服务稳定性和抗攻击性的优势，为多种媒体提供唯一标记，支持亿级 DNA 库的毫秒级检索，可很好地应对多种常见数字媒体内容篡改的手段，如模糊化、视频旋转等篡改方式。

（4）重塑版权价值。利用区块链 + 视频 AI 技术，重塑版权价值，打造可信任的版权数据库及数字化版权资产交易平台，并提供侵权监测、法律维权、IP 孵化等相关服务。

区块链技术具有不可篡改、公开透明和可追溯的特性，在内容版权领域具有天然的优势，内容版权行业正逐渐成为区块链技术的重点落地应用方向。

————— 案例100　人民在线利用区块链实现版权保护 —————

2019 年 7 月，人民网舆情数据中心、人民在线联合发布人民云一站式版权保护管理平台——人民版权，为融媒体时代的版权保护提供新的解决方案。"人民版权"由人民在线和微众银行联合研发，基于人民云大数据中台"数据蜂巢"的同时，结合区块链思维，致力全媒体时代对版权保护的探索。

人民版权通过全量数据的抓取、检测与分析，结合区块链技术分布式数据库、不可篡改、可追溯和匿名的特性，使媒体机构在大数据的基础上精准对接信息使用者，形成开放式公众审核和媒体来源可追溯机制，构建可靠的信息安全体系。

（1）打造版权联盟链。通过区块链技术联盟链，人民版权平台引入了国家监管机构、权威媒体机构、出版集团、版权中心、仲裁机构、公证机构、互联网法院等核心节点，共建版权保护联盟链。依托区块链技术的加密和链式结构在上链后数据的完整性和不可篡改性，大幅降低司法过程中的证据取证与保全成本，快速实现版权认证、取证、维权、诉讼全流程线上化。

（2）构建版权检测闭环。基于人民在线的全网信息采集能力和自然语言处理能力，人民版权可以实时对确权文章进行全网转载数据的检测和对比自动发现疑似侵权转载行为。支持线上一键取证上链，降低取证成本，并可导出可信的电子存证。

（3）生成版权追踪链路。利用区块链技术的特性，实现多方信息实时共享。原创文章发布即确权，通过作者姓名、登记时间、作品名称、作品核心摘要等信息在链上生成唯一、真实、不可逆的数字指纹 DNA，完成在人民版权平台上的版权认证。利用区块链可追溯的特点，可以快速发现链上的转载和引用关系，自动生成传播链路，追溯可信原创信息，及时发现稿件的修改变化。

（4）实现线上交易全流程。在后续上线的人民版权交易中心，将引入版权交易环节，媒体机构可自行设置原创文章授权金额和交易方式，提升授权工作效率，建立完善的版权收益分享机制，激发原创媒体上链的积极性。

2020 年 1 月 1 日，人民版权平台正式接入北京互联网法院"天平链"电子证据平台，这标志着人民版权成为首家实现版权存证、侵权监测、线上版权交易、司法维权全链条打通的媒体版权平台。

第五章

巨头行动——全球科技公司区块链布局

BLOCKCHAIN

DEFINING THE FUTURE OF FINANCE AND ECONOMICS

一、微软

基于云服务的建设发展，微软在 2014 年投身比特币市场，并于 2015 年正式进行区块链技术构建，成为全球首家进军区块链技术领域的 IT 企业。微软区块链建设历程如下：

·2015 年 11 月在 Azure 上推出"区块链即服务"（BaaS）计划

为企业客户、合作伙伴和开发人员提供"一键式基于云的区块链开发环境"，让他们可以快速创建基于公有云、私有云以及混合云的区块链环境。

·2016 年 6 月 Bletchley 计划

用微软自己的架构方式创建区块链企业生态联盟，解决早期跨行业区块链使用者关注的平台开放性、隐私安全性、系统稳定性等问题。

·2017 年 5 月区块链概念验证框架

在 Azure 云平台上加速已通过企业概念验证（PoC）的区块链部署，简化嵌入式概念验证过程。

·2017 年 8 月 Coco Blockchain Framework

帮助银行、保险公司、制造商等业务主体，通过以太坊等区块链平台建立共享数字账本及自动化智能合约，解决商业普及过程中的隐私、安全、效率等问题。

·2017 年 10 月 Azure 政府机密（Azure Government Secret）

帮助政府机构更好地访问云平台，使当前的"政府云"客户能够访问微软 Azure 区块链即服务（BaaS）产品。

·2018 年 2 月 DID

在微软身份验证（Microsoft Authenticator）应用程序内整合基于区块链的去中心化 ID 验证技术。

·2018 年 5 月 Azure Blockchain Workbench

简化开发团队基于区块链的应用开发方式，开发者只需要通过"几次简单的点击"，就能建立端到端的区块链应用程序架构。

二、谷歌

2018 年被称为区块链行业应用元年。该年 7 月，谷歌联合创始人谢尔盖·布林在摩洛哥举办的一次区块链大会上表示："说实话，我们大概已经无法处于行业最前沿了。"相较于其他互联网巨头，谷歌入局区块链技术领域略显迟缓。

• 早在 2016 年，谷歌同亚马逊云服务（AWS）一同开启和金融机构的合作，为后者区块链技术的推广运用提供云服务支持。

• 2018 年，谷歌开始同 Digital Asset 和 Blockapps 两家区块链公司合作，探索用户如何能够在谷歌云上更好地使用分类式账本技术。

• 2019 年，谷歌云的服务同区块链有了更深的联系。

谷歌公司在区块链行业中的布局更倾向于与现有技术的区块链公司进行合作，此外，谷歌公司对区块链技术的使用也更注重维护自己在云计算领域的地位。

三、亚马逊

早在 2014 年，亚马逊就使用数字货币作为云服务的支付货币并获得了比特币相关专利，但直到 2018 年，亚马逊云服务平台 AWS 才推出自研的区块链产品和服务。虽然亚马逊的区块链建设始于与众多区块链解决方案提供商的合作，但其新产品始终是由 AWS 团队独家开发的。

2018 年，亚马逊推出了独家研发的 AWS 区块链模板。该区块链模板是希望管理自己的区块链网络并仅需要简单设置和入门方法的客户的理想之选。区块链模板可以通过常见的开源框架，快速而轻松地创建和部署区块链网络。

相比其他 IT 巨头，亚马逊是区块链应用建设的后来者。但随着其零售和云服务业务的快速发展，区块链已成为亚马逊必然且刻不容缓的选择。区块链能够帮助亚马逊优化支付流程，完善物流服务；同时，区块链还能基于用户行为数据完善客户画像，为消费者提供个性化服务，进一步提升消费者的购物体验。

四、Facebook

Facebook 等国外科技巨头似乎一直致力于开展金融业务，但因为监管等原因并没有发展壮大。2019 年 6 月 18 日，Facebook 联合 PayPal、Visa 等 27 家机构发布了《加密货币 Libra 白皮书》，Facebook 的支付建设探索再次引起全球关注。

Facebook 在开拓金融服务道路上的尝试包括：

•Facebook Credits：Facebook 2001 年 6 月推出虚拟货币 Credits，旨在简化支付。Facebook 希望通过该系统统一管理平台上的虚拟商品交易，并从每一次交易中获取 30% 的营收共享。

•Facebook Gifts：Facebook 在 2011 年 9 月推出礼品赠送服务 "Gifts"，并在 2012 年 12 月把该项服务向所有美国用户开放。用户可通过 Facebook 网站和其安卓手机应用在线购买礼品送给朋友。此产品已于 2014 年 8 月 12 日正式关闭。

•WhatsApp Pay：WhatsApp 于 2018 年 2 月率先在印度试行电子支付系统，

推出名为 Payments 的电子支付服务，WhatsApp 用户可使用 Contact List 联络人名单进行 PSP 即时直接转账。

•Facebook Messenger Payments：2015 年年初，Facebook 推出了个人转账的功能，用户可以直接在 Messenger 上给朋友转账。

•小企业贷款业务：2017 年 2 月，Facebook 携手加拿大金融服务机构 Clearbanc 提供现金预支服务。这个项目名为 "Chrged"，Facebook 商业用户可以将其 Facebook Ads 与 Clearbanc 连接起来，借此获得现金预支服务。

目前，全球数字货币持有者不足全球人数的 1%，而 Facebook 拥有全球 27 亿用户，庞大的潜在用户使得 Libra 的冲击和颠覆有可能超越以往的数字货币，并对全球金融体系带来巨大影响。

Libra 拥有一个完整的数字货币体系，由数字货币 Libra、Libra 储备资产、Libra 区块链、Libra 协会、Calibra 数字钱包组成。

Libra 的目标是建立一套简单的、无国界的货币和为数十亿人服务的金融基础设施。其本质是一个无国界的全球支付系统，使用户能方便、快捷、安全、便宜地实现跨境支付。

五、腾讯

腾讯从 2015 年底进入区块链行业，经过近四年的发展，其业务布局也从早期的注重技术研发和平台搭建，转向注重多场景应用落地。

腾讯 2018 ~ 2019 年区块链业务应用落地情况包括以下内容。

•2018 年 3 月 toB 物流领域

第三届全球物流技术大会上，腾讯与中国物流与采购联合会签署战略合作协议，并联合发布双方首个重要合作项目——区块供应链联盟链及云单平台。

•2018 年 4 月 toB 供应链金融领域

2018 中国"互联网+"数字经济峰会金融分论坛上，腾讯区块链正式对外公布"腾讯区块链+供应链金融解决方案"。

•2018 年 4 月 toC 医疗领域

2018 中国"互联网+"数字经济峰会金融分论坛上，腾讯在广西柳州实现了全国首例"院处方流转"服务，院内开处方，院外购药。

•2018 年 4 月 toC 游戏领域

UP2018 腾讯新文创生态大会上，腾讯区块链发布首款 AR 手游《一起来捉妖》。

•2018 年 8 月 toB 税务领域

在国家税务总局的指导下，深圳市税务局（承接试点）携手腾讯公司（提供底层技术）开出全国首张区块链电子发票。

•2018 年 11 月 toB 金融领域

招商银行深圳分行通过系统直联深圳市税务局区块链电子发票平台，成功为客户开出首张区块链电子发票。

•2019 年 3 月 toC 智慧出行领域

全国首张轨道交通区块链电子发票在深圳地铁福田站开出。

•2019 年 7 月 toC 智慧旅游

2019 年"数字云南"区块链国际论坛上，云南省省长阮成发与腾讯和腾讯云副总裁邱跃鹏通过"游云南"平台开出全国第一张区块链电子冠名发票。

到 2019 年年底为止，腾讯新增专利 300 余项，其中超过 100 项包含区块链技术。腾讯虽然实现了区块链的场景化落地，但长期来看，腾讯区块链业务到底何时实现商业化，还有待区块链行业的逐步成熟和市场需求的进一步凸显。

六、摩根大通

尽管区块链技术起源于金融行业——加密数字货币比特币，但由于以比特币为代表的加密货币价格的跌宕起伏，主流金融机构对其反而并不热衷，其中最积极的参与者当属金融界的加密数字货币先行者——摩根大通。2019年2月，摩根大通宣布计划推出 JPM Coin，竖起了主流金融机构区块链技术应用的里程碑。

摩根大通区块链建设历程如下：

•2015 年 9 月，分布式账本初创公司 R3CEV 发起 R3 区块链联盟，摩根大通作为首批的九家银行之一加入联盟。

•2016 年 3 月，摩根大通推出一个其称之为"分布式加密账本"的原型 Juno，通过私有账本网络为智能合约 Hopper 提供支持，但后来随着开发人员的离职而不了了之。

•2016 年 10 月，摩根大通宣布与初创企业 EthLab 合作开发基于以太坊的私有区块链平台 Quorum。

•2017 年 3 月，摩根大通推出 Quorum。

•2017 年 4 月，摩根大通退出 R3 区块链联盟，转而独自发展区块链。

•2017 年 10 月，摩根大通为其区块链技术向美国政府提交专利申请。

•2017 年 10 月，摩根大通、加拿大皇家银行和澳新银行宣布联合成立银行间信息网络系统 IIN。

•2018 年和 2019 年，摩根大通分别发布《区块链和分布式革命》和《区块链的下一步》研究报告。

•2019 年 2 月，摩根大通宣布计划推出数字货币 JPM Coin。

•2019 年 5 月，摩根大通宣布与微软云计算平台 Azure 合作，后者为企业利用 Quorum 开发区块链应用提供支持。

•2019 年 5 月，摩根大通公布对 Quorum 的"重启"升级。

摩根大通在区块链的探索和布局虽然并不亚于科技公司，但其创新性不可避免相对较弱。这也是摩根大通作为全球金融巨头对安全性和稳定性的考虑所造成的。但摩根大通对于区块链技术的积极和开放态度为金融机构的区块链应用打开了一扇大门，尤其是 JPM Coin 的出现，是在继以比特币为代表的加密货币饱受质疑之后，区块链技术真正被主流金融机构所接纳的重要标志。

七、百度

互联网巨头公司纷纷开始在区块链领域探索和布局。阿里巴巴和腾讯抢先在 2015 年探索区块链技术，并于 2016 年开始相应的建设和应用落地，而百度的区块链建设可以说是从 2017 年才正式开始。

百度区块链建设历程如下。

•2018 年 2 月，电子宠物游戏"莱茨狗"上线发布，百度开始在游戏领域试水，并推动其各类业务加速上链。

•2018 年 4 月，内容版权领域的区块链解决方案"百度图腾"上线。

•2018 年 5 月，针对百度百科内容正确性的风险，"百度百科"实现词条编辑记录区块链化,运用区块链技术"不可篡改"的特性，形成各方共同认可的、可信的词条编辑记录。

•2018 年 6 月，百度超级链的首款原生应用"度宇宙"诞生。度宇宙旨在成为全球最大、真正具备用户价值、以区块链为基础的文娱应用生态平台。

•2018 年 8 月，百度教育与区块链结合创新出"百度会学"，为用户创建一个去中心化的、安全加密的、真实的受教育及工作等信息的升学就业身份证明，力求在 K12 学生的升学、留学以及毕业生就业场景产生实用价值。

•2018 年 9 月，基于百度安全的反恶意软件产品"休伯特"上线。

•2019 年 5 月 28 日，百度发布区块链品牌"Xuper"，并宣布自研底层区块链技术 XuperChain 正式开源。

基于人工智能领域的发展基础，百度在智慧城市建设中未曾落后，甚至成为行业领军者。而区块链的介入，似是为这一领域开辟出了新的赛道，随着区块链市场的不断发展，百度区块链的业务生态势必会进一步地完善，从而借助超级链和智慧城市的应用突出重围。

八、阿里巴巴

阿里巴巴从 2015 年成立区块链实验室开始，便开启了区块链的建设历程，而后不断推进区块链的应用场景建设。

阿里巴巴区块链建设历程如下。

•2015 年，阿里巴巴成立"区块链实验室"，正式开始布局区块链。

•2016 年，阿里巴巴提交了名为"蚂蚁区块链"的商标申请，在 7 月蚂蚁金服宣布了首个应用区块链的项目——支付宝爱心捐赠平台。

•2017 年 8 月，阿里健康在江苏省常州市推出了首个区块链医疗应用场景，并展开 "医联体＋区块链"的试点项目。10 月，在第一次 ATEC 大会上，蚂蚁金服对外公开了 BASIC 五大技术开放战略，其中区块链（Blockchain）位列首位。

•2018 年 1 月，阿里巴巴正式上线"蚂蚁区块链"，主打公益区块链；同年 9 月 28 日正式上线的阿里达摩院官网中，区块链实验室赫然在列，并公布了七大研究方向：共识协议、密码学安全与隐私保护、区块链技术结合可信执行环节、跨链协议、智能合约语言与整体安全性分析、区块链技术与物联网（The Internet of Things，IoT）结合和区块链技术与安全多方计算结合，担任起阿里巴巴在区块链领域前沿研究的重任。

•2019 年 5 月，阿里巴巴宣布将在知识产权保护体系中引入区块链技术，在 9 月应用于阿里巴巴的原创保护计划中，然后逐渐拓展至图片、音频和视频等数字版权保护领域。

除了在慈善公益领域，商业场景在应用区块链技术时表现出的特点，可以很好地发挥区块链去中心化、分布式存储及防篡改的特性，例如阿里巴巴的电商、物流和蚂蚁的支付、理财可以与区块链较快地完成融合。

九、华为

华为也在 2018 年正式开启区块链应用。2018 年 4 月，华为首次对外明确区块链的策略；10 月，华为云宣布区块链服务正式商用；11 月，华为云区块链服务 BCS 正式上线华为云国际站点，面向全球用户发布。华为的区块链应用在 2018 年才正式开启，但早在 2016 年，华为就已低调入局区块链。

华为区块链建设历程如下。

•2016 年 5 月，华为加入金融区块链合作联盟（金链盟），探索、研发、实现适用于金融机构的金融联盟区块链，以及在此基础之上的应用场景。

•2016 年 10 月，华为加入 Linux 基金会 Hyperledger 区块链联盟项目，并被授予 Maintainer 职位。

•2017 年 3 月，华为与区块链平台趣链科技开启合作洽谈，9 月签署合作协议，后者成为首家入驻华为云的区块链企业。

•2018 年 1 月，华为携手熊猫绿能和新能源交易所正式启动区块链计划。

•2018 年 2 月，华为云首次对外发布了区块链服务 BCS，旨在为企业及开发者提供公有云区块链服务，推动企业区块链应用场景落地。

•2018 年 3 月，华为云在 2018 中国生态合作伙伴大会上发布基于区块链技术应用的阿保互助。

华为认为，区块链在 IoT、电信、金融等行业方面的应用主要是通过区块链的公信力建立交易双方的信任度，降低交易风险和交易成本，并构建新的商业模式。华为在区块链发展中进行的创新主要涉及三方面：共识算法创新、安全隐私保护和离链通道。

华为作为一家 ICT 基础设施和智能终端提供商，敢于在区块链行业中探索，虽然入局较晚，但进程迅速，在之后的区块链行业发展中，华为对区块链应用的广泛度和深度将不亚于腾讯、阿里巴巴等互联网巨头公司，在区块链创新和应用两方面都将成为科技企业中的领先者。

十、高盛

作为世界顶级的投资银行，敏锐的高盛早在 2012 年就对区块链有所关注。但近年来，高盛区块链应用落地稍显迟疑，犹豫的观望与小步的试探是高盛布局区块链的基调。

高盛尽管对区块链技术一度看好，但对区块链运用较广泛的数字货币并不冲动，高盛选择了关注因数字货币兴起而不断发展的托管技术而非数字货币本身。

2019 年，高盛依然在区块链浪潮里踟蹰前行，但随着科技界与传统金融机构对区块链运用的加强，高盛在区块链技术上的关注更加明晰。

END
结束语

我们已经看到区块链在多个行业有着丰富的落地案例，但这仍然只是一个开始。任何一个新技术的全面开花，都需要经过一定的发展历程，区块链行业目前还有几个条件看起来仍然不成熟。

第一，专业人才。当前众多区块链技术在行业落地的瓶颈之一便是相关专业人才的稀缺，除了懂分布式系统的工程师以外，密码学工程师、区块链产品经理都是目前非常稀缺的人才。没有足够的密码学工程师，一些制约区块链应用落地的密码学问题，比如隐私计算，就会阻碍更大规模的区块链应用实现。区块链产品经理的稀缺是另一大问题，既懂某个具体行业或场景的业务流程、需求，又懂区块链技术，并能把两者结合在一起设计出符合具体场景需求的产品应用的人才目前非常稀缺。虽然说全球有不少高等院校已经在开设区块链相关的专业或者课程体系，但这类课程大多还是围绕着区块链和密码学相关的理论知识在培养人才，从工程和应用角度培养人才的体系目前还很匮乏，比如培养专门的区块链程序员或者产品经理的技术学校及平台都还没有出现。但可以预见的是，从高等院校设立区块链专业作为起点，未来会出现更多区块链人才相关的服务机构，这些机构是区块链应用进入更多领域和场景、发挥更大价值的关键角色。

第二，爆款应用。正如互联网技术早期通过邮件等爆款应用引爆了整个行业的发展一样，新技术从专业人士的玩物到大众的日常需求都需要一系列的爆款应用来刺激。人工智能技术发展多年，在出现了智能对话助手后，才逐渐被普通大众所理解，并在日常生活中接受和应用，如 Siri 和智能音箱、人脸识别等爆款应用。当前的区块链行业还没有出现现象级的爆款应用，其中的原因正如本书前面所提到的，是区块链技术本身还有性能、隐私等瓶颈需要突破，另一个原因则是区块链目前的应用创新体系缺失。技术创新分为"产生新知识"和"产生新应用"两个阶段，前文提到了，有新的科研资金在不断涌入，区块链方向在产生新知识，但是从产生应用的角度来说，需要靠更多专门的应用企业来实现。区块链应用行业的企业虽说已经有了 IBM、阿里等众多国际 IT 巨头的参与，但是从细分落地的专业性来说，还缺乏大量拥有细分领域经验积累的中小企业参与。而这类企业的发展，除了需要补充相关人才以外，还需要更多的初创资金支持、孵化支持等，也需要有完备的区块链市场推广和运营支持。

第三，共识强化。互联网应用的大规模落地是因为人们看到了互联网技术打破时间、空间距离所带来的聚集网络效应，极大地提升了生产和生活效率，这是大家对互联网应用的共识。人工智能应用正在大规模落地是因为人们看到了人工智能技术能解放双手，摆脱简单、重复烦琐的基本劳动，进而使生产过程和结果变得更加智能及自动，这是大家对人工智能应用的共识。那么大家对区块链应用的共识是什么呢？是能更好地追溯信息？是能解决信任机制问题？是能省掉中介和不必要的中间流程？目前还没有达成共识。这也是未来需要大家强化的地方，强化共识才能有利于区块链应用的更大规模落地。

笔者预测，区块链应用未来将在全社会形成的最大共识为解决数据确权。

随着互联网和人工智能应用所激发的大数据爆发，无处不在的数据已经成为一种不可忽视的资产和基本生产要素。数据的所有权如何确定？数据的身份如何认定？数据的隐私如何保护？数据的资产属性如何保障？区块链应用无疑为这些根本性的数据确权问题提供了解决方案。通过区块链应用解决数据确权、数据隐私交换、数据溯源、数据的可信计算等，无疑会为未来的数字经济提供一种全新的数据基础设施，而这种全新的基础设施，就会成为大家对区块链应用的共识。

REFERENCE
参考文献

[1] 可信区块链推进计划　区块链溯源应用白皮书（1.0版）[EB/OL]. [2019-01-03]. http://www.trustedblockchain.cn/schedule/detail/2985.

[2] 京东区块链技术实践白皮书[EB/OL]. https://storage.jd.com/jd.block.chain/%E4 %BA%AC%E4%B8%9C%E5%8C%BA%E5%9D%97%E9%93%BE%E6%8A%80 %E6%9C%AF%E5%AE%9E%E8%B7%B5%E7%99%BD%E7%9A%AE%E4%B9 %A62019.pdf.

[3] 中国区块链市场应用专题分析2018[EB/OL]. [2018-06-20]. https://www.analysys. cn/article/detail/1001394.

[4] 腾讯云区块链白皮书[EB/OL]. [2018-07-27]. https://cloud.tencent.com/ developer/article/1168994.

[5] 2018华为区块链白皮书[EB/OL]. [2018-04-20]. https://www.sohu.com/ a/228948608_654086.

[6] Inclusive Deployment of Blockchain：Case Studies and Learnings from the United Arab Emirates [EB/OL]. http://www3.weforum.org/docs/WEF_Inclusive_ Deployment_of_Blockchain_Case_Studies_and_Learnings_from_the_United_ Emirates.pdf.

[7] Blockchain in Logistics-Powered by DHL Trend Research[EB/OL]. https://www.dhl.com/ content/dam/dhl/global/core/documents/pdf/glo-core-blockchain-trend-report.pdf.

[8] 全球区块链身份管理市场洞察与趋势[EB/OL]. [2018-09-07]. http://www.e-gov. org.cn/article-167362.html.

[9] Blockchain Technology In The Construction Industry [EB/OL]. https://www.ice. org.uk/ICEDevelopmentWebPortal/media/Documents/News/Blog/Blockchain- technology-in-Construction-2018-12-17.pdf.

[10] 区块链推动建立开放与共享的新金融体系：平安区块链（2019）[EB/OL]. https:// www.ocft.com/pdf/05.pdf.